全国高等职业教育园林类专业“十三五”规划教材

园林建筑设计

（第2版）

张 良 温明霞 主 编

黄河水利出版社
·郑州·

内 容 提 要

本书共分6章:第一章为绪论,第二章为园林建筑的设计方法与技巧,第三章为游憩性建筑,第四章为服务性建筑,第五章为园林建筑小品,第六章为园林建筑实训。第一章是全书的总论;第二章是园林建筑设计的方法论;第三、四、五章是园林建筑总体设计,是第二章的具体化;第六章是实例操作。

本书可供园林类专业教学使用,同时也可供建筑学和城市规划专业及相关从业人员参考。

图书在版编目(CIP)数据

园林建筑设计/张良,温明霞主编. —2版. —郑州:黄河水利出版社,2017.5 (2020.1 重印)

全国高等职业教育园林类专业"十三五"规划教材

ISBN 978-7-5509-1775-0

Ⅰ.①园… Ⅱ.①张… ②温… Ⅲ.①园林建筑-园林设计-高等职业教育-教材 Ⅳ.①TU986.4

中国版本图书馆CIP数据核字(2017)第134030号

策划编辑:李洪良 王志宽 0371-66026352 66024331

出 版 社:黄河水利出版社

地址:河南省郑州市顺河路黄委会综合楼14层 邮政编码:450003

发行单位:黄河水利出版社

发行部电话:0371-66026940、66020550、66028024、66022620(传真)

E-mail:hhslcbs@126.com

承印单位:河南承创印务有限公司

开本:787 mm×1 092 mm 1/16

印张:13.75

字数:320千字 印数:3 101—5 100

版次:2010年4月第1版 印次:2020年1月第2次印刷

2017年5月第2版

定价:28.00元

全国高等职业教育园林类专业“十三五”规划教材
编审委员会

《园林建筑设计》(第2版)
编写人员名单

主　编　张　良(衡水学院)

　　　　　温明霞(甘肃林业职业技术学院)

副主编　韩学颖(辽宁农业职业技术学院)

　　　　　郭荣中(长沙环境保护职业技术学院)

　　　　　贠　禄(梧州学院)

　　　　　程　倩(河南牧业经济学院)

参　编　苑津燕(衡水学院)

　　　　　胡　莹(湖北城乡建设职业技术学院)

　　　　　曹　峰(河北农业大学)

主　审　刘桂林(河北农业大学)

出版说明

近年来，随着社会的进步和人们生活水平的提高，人类对生存环境的质量要求越来越高，园林作为生态环境建设的重要组成部分和提高人类生存环境质量的重要凭借手段，越来越受到环境决策者和建设者的重视，特别是在城市，生态园林建设已成为解决社会快速发展所带来的环境问题的主要方式之一，因而以服务和改造室内外环境为基本内容的园林专业也随之迅速发展，新观念、新技术不断涌现，社会对园林工程专业高端技能型人才的要求也不断提高。

为了配合全国高等职业教育园林类专业的教学改革与教材建设规划，按照国家对高等职业教育园林专业人才培养目标定位和市场对园林专业人才专业知识及实践技能的要求，在对现有园林工程专业教材出版情况进行深入调研并充分征求了各课程主讲老师意见的基础上，我社组织出版了这套“全国高等职业教育园林类专业‘十三五’规划教材”。教材的编写立足于高起点、出精品，本着知识传授与能力培养并重的原则，以培养园林高级专业技术人才为目标，着重加强职业教育的技能培养特色，重点突出实验、实训教学环节。

本系列教材的编写和出版得到了全国多所园林类高等职业院校的大力支持，我们特别邀请了多所高等院校相关专业的老师对稿件进行了严格审查把关。正是由于他们的辛勤工作和无私奉献，才使得这些教材能够在最短的时间内付梓，并有效保证了教材的整体水平和质量。在此，对推进此次教材编写与出版工作的各院校领导、参编和审稿的老师表示衷心的感谢和诚挚的敬意。

诚然，人才的培养需要教育者长期坚持不懈的努力，好的教材也需要经过时间的考证和实践的检验。希望各院校在使用这些教材的过程中提出改进意见与建议，以便再版时不断修改和完善。

黄河水利出版社

再版前言

随着我国经济持续快速增长，园林事业也得到蓬勃发展。据不完全统计，我国目前开设园林专业的高校有100多所，包括农林院校、建筑院校、艺术院校等。这些院校因教育背景不同，故开设课程也不尽相同，但均将园林建筑设计作为专业必修课程。本书是在第1版的基础上，以最新的高职高专园林类专业教学大纲和教学计划为基础，并针对读者在使用过程中提出的意见和建议，结合园林类专业学生现状及教学实际编写而成。

由于园林建筑属于小型公共建筑，既具有建筑的普遍特点，又具有鲜明的园林建筑个性，因此园林建筑具有相对特殊的设计方法与技巧。对于广大园林类专业的学生而言，深入研究园林的基本特征，掌握园林建筑设计的基本技能是从事园林建筑设计及景观规划设计的必备专业条件。高职高专类院校主要是培养技能型人才，针对这样的人才培养目标，在教材编写之初，就确定了“薄理论，厚实践”的主题思想。所谓“薄理论”，是指减少园林建筑设计理论的长篇大论，尽量用浅显的语言表达园林建筑理论的精华；所谓“厚实践”，是指加大园林建筑实例的比重，并且对每一个设计实例进行说明点评，在理论学习、实例剖析后，引导学生进行设计实践。在本书第六章园林建筑实训中，对每一个重要的园林建筑类型的设计都做了具体要求，教师可以根据教学情况选择其中的建筑类型。

本书收录了大量图片和设计实例，这些资料以中国园林建筑为主，也兼顾到国外一些作品，具有一定的代表性。

本书虽是针对高职高专学生编写的，但考虑到一些学生深造或深入学习的要求，也注意了与本科教材的衔接，例如服务性建筑的实例中，既有简单的小建筑，也有复杂的建筑群。

本书由河北农业大学刘桂林担任主审，由衡水学院张良统稿。本书编写分工如下：第一章由韩学颖编写；第二章第一、二、三节由温明霞编写，第四节由程倩编写；第三章第一节由温明霞编写，第二、三节由程倩编写，第四节由胡莹和苑津燕编写，第五、六、七节由郭荣中编写；第四章由张良编写；第五章由贠禄编写；第六章各小节由前面对应章节的编者编写。

本书图片的整理工作由河北农业大学曹峰完成。

由于编写仓促，加上编者水平有限，不妥之处，恳请读者批评指正。

编　者

2017年3月

目 录

第一章　绪　论

第一节　园林建筑与园林的关系

一、园林

园林是指在一定的地域运用工程技术和艺术手段，通过改造地形（或进一步筑山、置石）、整治水系、种植树木花草、营造建筑和布置园路等方法创造而成的自然环境和游憩境域。一般来说，园林的规模有大有小，内容有繁有简，但都包含着四种基本的要素，即土地、水体、植物和建筑。其中，土地和水体是园林的地貌基础，土地包括平地、坡地、山地，水体包括河、湖、溪、涧、池、沼、瀑、泉等。天然的山水需要加工、修饰、整理，人工开辟的山水不仅讲究造型，还需要解决许多工程问题。植物栽培最先是以生产和实用为目的的，随着园艺科技的发展才有了大量供观赏之用的树木和花卉。现代园林中，植物已成为园林的主体，植物材料在园林中的地位就更加突出了。上述三种要素都是自然要素，具有典型的自然特征。在造园中必须遵循自然规律，才能充分发挥其应有的作用。

二、园林建筑

园林建筑是指在园林中具有造景功能，同时又能供人游览、观赏、休息的各类建筑物。在中国古代的皇家园林、私家园林和寺观园林中，建筑占了很大比重，其类别很多，变化丰富，形成了具有中国特色的建筑风格。现代园林中，建筑所占的比重减少，但对各类建筑的单体仍要仔细观察和研究，如其功能、位置选择、比例关系，以及与四周的环境协调统一等问题。无论是古代园林，还是现代园林，通常都把建筑作为园林景区或景点的主景来对待，建筑在园林中往往起到了画龙点睛的作用。园林建筑是构成园林诸要素中唯一的经人工提炼，又与人工相结合的产物，能够充分表现人的创造和智慧，体现园林意境，并使景物更为典型和突出。另外，与土地、水体、植物相比，园林建筑的人工味道更浓，受到自然条件的约束更少。建筑的多少、大小、式样、色彩等处理，对园林风格的影响很大。一个园林的创作，是幽静、淡雅，还是浓艳、奢华，主要取决于建筑淡妆与浓抹的不同处理。园林建筑是由于园林的存在而存在的，没有园林与风景，就根本谈不上园林建筑这一种建筑类型。

在漫长的历史发展过程中，勤劳智慧的中国人民创造了巨大的物质财富，也创造了灿烂的文化财富。其中，中国的园林既作为一种物质财富满足人们的生活要求，又作为一种艺术的综合体满足人们精神上的需要。它把建筑、山水、植物融合为一个整体，在有限的空间内，利用自然条件模拟大自然中的美景，经过人为的加工、提炼和创造，源于自然而高于自然，把自然美与人工美在新的基础上统一起来，形成赏心悦目、变幻丰富、“可望、可行、可游、可居”的形体环境。园林建筑在中国园林中是一个重要的组成要素,它除满足游人遮阴避雨、驻足休息等多方面的实用要求外,还与山池、花木密切结合,组成风景画面,起着园林景象构图中心的作用。经过长期的探索与创作,中国园林建筑在单体设计、群体组合、建筑类型及与园林环境的结合等方面,都有了一套相当完整的成熟经验。中国园林在世界园林中,作为一个独立的园林体系而享有盛名,其中的园林建筑有着独特的光彩。

中国的古典园林与园林建筑是土生土长的,是在中国这块沃土上生根发芽、开花结果的,因此它有着与这个母体的特征紧密相连的许多鲜明个性。如同世界各地的人民对养育着他们的土地都怀着深深的依恋之情一样,我国人民对于祖国的名山大川一向怀有强烈的崇敬、仰慕、热爱的感情。美好的自然陶冶了人们美的心灵,人们又把自己的美学理想体现到文学、艺术的创作之中。中国的文学与艺术同世界其他国家的文学艺术一样,从它诞生的那一天起,就与大自然结下了“不解之缘”。中国的园林艺术作为表达人与自然最直接、最紧密联系的一种物质手段和精神创作,从公元前 11 世纪周文王筑灵台、灵沼、灵囿起,就是从选择、截取自然界中一个特定的、典型的环境范围开始的;寺庙园林曾遍及我国的名山大岳,世俗化的宗教建筑与自然环境的融合,实际是一种宗教性质的风景区;中国的皇家园林与私家园林在空间上相差很大,但都是在原有自然环境条件下,经过人工改造加工过的园林。小范围内的私家园林,常通过写意式的再现手法,把大自然中的美景模拟、缩小在有限的空间中,而且有真山真水、小中见大的感受。在这样的园林中漫游,感受到的仿佛就是一首描写自然美景的凝固的诗歌,一幅可以身临其境的立体山水画面。因此,“师法自然”就成为中国园林一脉相承的基本原则,与自然环境相协调成为中国园林建筑所遵循的一条不可动摇的准则。

园林与园林建筑的创作,是人们头脑中对自然美与生活美追求的具体映射,它以“物化”了的空间形态,最直接、最生动地反映了不同时代人们的生活方式与美的理想。中国园林与园林建筑的创作,也如同中国的各种文艺形式一样,经历过从“神化”自然到“人化”自然的过程。如对五岳四渎(四渎指的是长江、黄河、淮河、济水)等名山大川的崇拜,在园林的湖面上象征地布置海上三仙山的形式,把一些带有宗教迷信色彩的建筑物引入园林等。但是,从整体上说,中国的园林与园林建筑始终表现出“人是主人,景为人用”的基本特点。在园林中,没有那种令人感到威慑的建筑空间和建筑体量,建筑尺度接近于人,总是力求与人在使用上的生理需要和观赏上的心理需要相吻合。即使是风景区中的寺庙,也都是世俗化的“人”的建筑,而不是令人莫名其妙的“神”的建筑。这就使得中国的园林建筑既能很好地与自然环境相协调,又能与人的使用需要相统一,且具有很大的实用性、灵活性、通用性。

三、园林建筑的特征

园林建筑与其他建筑类型相比较,具有明显的特征,主要表现在以下几点。

(一)园林建筑既要满足使用功能的要求,又要满足景观创造的要求

建筑的使用功能是建筑设计的核心,离开了建筑的使用功能,建筑的形式再好,也毫无意义。园林建筑的设计在充分考虑其使用功能的同时,也要重视其在景观方面的要求,

例如,亭这种园林建筑在设计时,要考虑亭的基本功能,给游人提供遮风挡雨的空间;也要考虑亭的位置选择和造型设计,满足亭的观景和点景的要求。

(二)园林建筑是一种与园林环境及自然景观充分结合的建筑

在基址选择上,要因地制宜,巧于利用自然又融于自然之中。将建筑空间与自然空间融成和谐的整体。建筑是风景中的建筑,风景是建筑中的风景,优秀的园林建筑都是与环境充分融合的建筑。

(三)园林建筑强调造型美观的同时也重视建筑意境的表达

在建筑的双重性中,有时园林建筑的美观和艺术性要重于其使用功能。因此,在重视造型美观的同时,还要极力追求意境的表达,不仅要继承传统园林建筑中寓意深邃的意境表达手法,更要探索、创新现代园林建筑意境的表现方式。

(四)园林建筑体量小巧富于变化

大多园林建筑因小巧灵活、富于变化,常不受模式的制约,这就为设计者带来更多的艺术发挥余地,真可谓构园无格。园林建筑"小中见大","循环往复,以至无穷"是其他建筑无法与之相比的。

(五)园林建筑色彩明朗,装饰精巧

在我国古典园林中,建筑有着鲜明的色彩,北京皇家园林建筑色彩鲜艳,南方的私家园林则色彩淡雅。现代园林建筑色彩多以轻快、明朗为主,力求表现园林建筑轻巧、活泼、简洁、明快的特点。在装饰方面,不论古今,园林建筑都以精巧的装饰取胜,建筑上善于应用各种门洞、漏窗、花格、隔断、空廊等,尤其将山石植物等引入建筑,使装饰更为生动,成为建筑上得景的画面。因此,通过建筑的装饰不仅可以增加园林建筑本身的美,更主要是通过装饰手段可以使建筑与景致取得更密切的联系。

四、园林建筑的景观功能

中国园林的创作是以自然山水园为基本形式,通过山、水、植物、建筑四种基本要素的有机结合,构成"源于自然而高于自然"的美妙的城市园林。其重要作用,一是能改善和美化人的生活环境,提高人的生活质量;二是能为人们提供休憩、游览、文化娱乐的场所。园林建筑是园林的重要组成部分,它既有使用功能,又有造景、观景功能。城市园林中的亭、台、楼、阁、门、窗、路及小品等建筑,对构成园林意境具有重要的意义和作用,其审美价值并非局限于这些建筑物和构筑物本身,而在于通过这些建筑物让人们领略外界无限空间中的自然景观,突破有限,通向无限,感悟充满哲理的人生、历史、社会乃至宇宙万物,引导人们到达园林艺术追求的最高境界。

一般说来,园林建筑大都具有使用和景观创造两个方面的功能。就使用功能方面而言,它们可以是具有特定使用功能的展览馆、影剧院、观赏温室、动物兽舍等;也可以是具备一般使用功能的休息类建筑,如亭、榭、厅、轩等;还可以是供交通之用的桥、廊、花架、道路等;此外,还有一些特殊的工程设施,如水坝、水闸等。通常,园林建筑的外观形象与平面布局除满足和反映特殊的功能性质外,还要受到园林造景的制约,往往在某些情况下,甚至首先要服从园林景观设计的需要。在做具体设计的时候,需要把它们的功能与它们对园林景观应该起的作用恰当地结合起来。

园林建筑的景观功能主要表现在它对园林景观创造方面所起的积极作用,这种作用可以概括为下列四个方面。

(一)点景

“点”就是显现,点景是点出一处景色的特征、意境,使游人触景生情,情景交融,产生丰富而深刻的联想,得到景色之外的艺术感受。园林建筑与山水、景物等要素相结合而构成园林中的许多风景画面,有宜于就近观赏的,有适于远眺的。在一般情况下,园林建筑常作为这些风景画面的重点和主景。没有这些点景,建筑景点也就不成其为“景点”了。重要的建筑物往往作为园林的一定范围内甚至整座园林的构景中心,例如北京北海公园中的白塔、颐和园中的佛香阁(见图1-1)等都是园林的构景中心,整个园林的风格在一定程度上也取决于建筑的风格。

图1-1　颐和园佛香阁建筑群

(二)观景

观景即观赏风景。以一幢建筑物或一组建筑群作为观赏园内景观的场所,它的位置、朝向、封闭或开敞的处理往往决定了观赏者是否在视野范围内摄取到最佳的风景画面。在这种情况下,大到建筑群的组合布局,小到门窗、洞口或由细部所构成的“框景”都可加以利用作为剪裁风景画面的手段(见图1-2)。

(三)界定空间

界定空间即利用建筑物围合成一系列的庭院,或者以建筑为主,辅以山石植物将园林划分为若干空间层次(见图1-3)。

(四)组织游览路线

以园林中的道路结合建筑物的穿插、对景和障景,创造一种步移景异,具有导向性的动态观赏效果(见图1-4)。

五、园林建筑的类别

(一)按使用功能分类

园林建筑按使用功能可分为三大类:游憩性建筑、服务性建筑及园林建筑小品。

图 1-2　从亭子中观赏到的景观画面

图 1-3　园林廊围合空间划分空间层次

图 1-4　园路结合景墙引导游览路线

1. 游憩性建筑

游憩性建筑是给游人提供游览、休息、赏景的场所。其本身也是景点,或成为景观的构图中心,包括文化娱乐建筑、游览观光建筑,如亭、廊、公园大门、花架、榭、舫、桥、阁、台、楼等。

2. 服务性建筑

服务性建筑是为游人在游览途中提供生活上服务的建筑,如各种小卖部、茶室、小吃部、餐厅、接待室、游船码头、厕所、小型旅馆、科普展览建筑等。

3. 园林建筑小品

园林建筑小品指园林中体量小巧、数量多、分布广、功能简明、造型别致、具有较强装饰性的精美设施,如园灯、园椅、园林展牌、园林景墙、导游牌、标志物及果皮箱、路标、园林栏杆等。

(二)按形式分类

园林建筑按形式可分为亭、廊、榭、舫、厅堂、楼阁、轩、斋、殿、馆、牌坊、牌楼、塔、园桥、园门、园墙等16类。

第二节　园林建筑的发展历程

古典园林是人类文化遗产的一个重要组成部分,世界上曾经有过发达文化的民族和地区必然有其独特的造园风格,世界范围内的几个主要的文化体系也必然产生相应的园林体系。中国是世界文明古国之一,以汉民族为主体的文化在几千年长期持续发展的过程中,孕育出"中国园林"这样一个历史悠久、源远流长的园林体系。

一、中国园林建筑的发展

中国园林建筑的发展与中国园林的发展是密不可分的,中国园林的演变与发展按其历史进程可分为以下几个主要阶段。

(一)园林的生成期——殷、周、秦、汉

生成期的古典园林,从萌芽、产生而逐渐成长,持续了将近1 200年。就园林本身的发展情况而言,大致可以分为三个阶段:①殷、周;②秦、西汉;③东汉。殷、周是园林生成期的初始阶段,天子、诸侯、士大夫等大小贵族奴隶主所拥有的"贵族园林"相当于皇家园林的前身,但尚不是真正意义上的皇家园林。秦、西汉为生成期园林发展的重要阶段,相应于中央集权的政治体制的确立,出现了皇家园林这个园林类型。它的"宫"、"苑"两个类别对后世的宫廷造园影响极为深远。东汉则是园林由生成期发展到魏晋南北朝时期的过渡阶段。总的说来,生成期的持续时间很长,但园林的演进变化极其缓慢,始终处在发展的初级状态。我们主要从以下四方面加以认识:

(1)尚不具备中国古典园林的全部类型,造园活动的主流是皇家园林。私家园林虽已见诸文献记载,但为数甚少而且大多数是摹仿皇家园林的规模和内容,两者之间尚未出现明显的类型上的区别。园林的内容驳杂,园林的概念也比较模糊。

(2)园林的功能由早先的狩猎、通神、求仙、生产为主,逐渐转化为后期的游憩、观赏为主。但无论天然山水园或人工山水园,建筑物都只是简单地散布、铺陈、罗列在自然环境中。建筑作为一个造园要素,与其他自然三要素之间似乎并无密切的有机联系,因此园林的总体规划尚比较粗放,谈不上多少设计经营。

(3)对于大自然山水风景,人们仅仅构建了低层次的自觉的审美意识;虽早期的台、囿与园圃相结合已包含风景式园林的因子,以后又受天人合一、君子比德、神仙思想的影响而向风景式方向发展,但毕竟仅仅是大自然的客观写照,本于自然却未必高于自然;在园林里面所进行的审美的经营尚处在低级的水平上,造园活动并未完全达到艺术创作的境地(见图 1-5)。

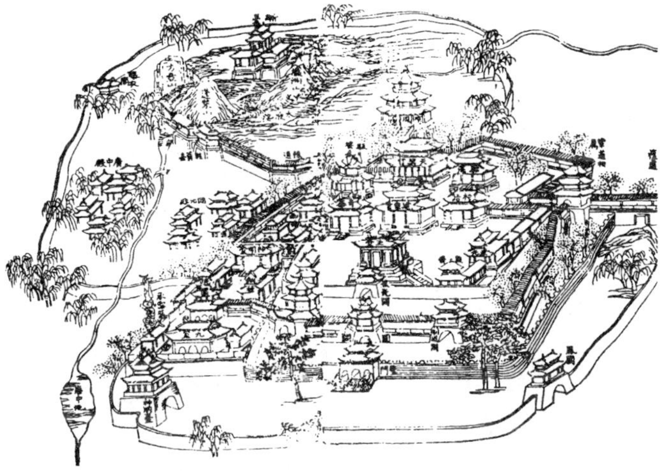

图 1-5 汉代建章宫

(4)西周及春秋时期,统治阶级营造很多以宫市为中心的城市。原来简单的木构架,经商、周以来的不断改进,已成为中国建筑的主要结构方式。瓦的出现与使用,解决了屋顶防水问题,是中国古建筑的一个重要进步。秦汉时期,木构架结构技术已日渐完善,其主要结构方式(抬梁式和穿斗式)已发展成熟,高台建筑仍然盛行,多层建筑逐步增加。石料的使用逐步增多,东汉时出现了全部石造的建筑物,如石祠和石墓。

在这一时期的园林中,殿、堂、楼、阁、亭、廊、台、榭等各种园林建筑类型的雏形都已具备。汉代后期,园林建筑为了取得更好的游憩观赏效果,在布局上已不拘泥于均齐对称的格局,而有错落变化,依势随形而筑。在建筑造型上,汉代由木构架形成的屋顶已具有庑殿、悬山、囤顶、攒尖和歇山这五种基本形式。

(二)园林的转折期——魏、晋、南北朝

这时期园林的规模由大入小,园林造景由过多的神异色彩转化为浓郁的自然气氛,创作手法由写实趋向于写实与写意相结合。在以自然美为核心的时代美学思潮的直接影响下,中国古典风景式园林由再现自然进而发展为表现自然,由单纯地摹仿自然山水进而适当地加以概括、提炼,但始终保持着“有若自然”的基调。建筑作为一个造园要素,与其他的自然诸要素取得了较为密切的谐调、融糅关系。园林的规划设计由此前的粗放转变为较细致的、更自觉的经营,造园活动完全升华到艺术创作的境界。

"园林"一词已出现于当时的诗文中:"驰骛翔园林。"(晋·左思)"暮春和气应,白日照园林。"(晋·张翰)"饮啄虽勤苦,不愿栖园林。"(刘宋·何承天)中国古典园林开始形成皇家、私家、寺观这三大类型并行发展的局面和略具雏形的园林体系,它上承秦汉余绪,把园林发展推向转折的阶段,导入升华的境界,成为此后全面兴盛的伏脉。

魏、晋、南北朝时期是中国古建筑体系的发展时期。在建筑材料方面,砖瓦的产量和质量有所提高,金属材料被用做装饰。在技术方面,大量木塔的建造,显示了木结构技术的提高;砖结构被大规模地应用到地面建筑,河南登封嵩岳寺塔的建造标志着石结构技术的巨大进步;石工的雕凿技术也达到了很高的水平。这个时期大量兴建佛教建筑,出现了许多寺、塔、石窟和精美的雕塑与壁画。

(三)园林的全盛期——隋、唐

隋、唐园林在魏、晋、南北朝所奠定的风景式园林艺术的基础上,随着封建经济、政治和文化的进一步发展而臻于全盛的局面。

皇家园林在隋唐三大园林类型中的地位比魏、晋、南北朝时期更为重要,出现了像西苑、华清宫、九成宫等一些具有划时代意义的作品。就园林的性质而言,已经形成大内御苑、行宫御苑、离宫御苑三个类别及其类别特征(见图1-6)。

图1-6　唐代华清宫

唐代已涌现一批文人造园家,把儒、道、佛禅的哲理融会于他们的造园思想之中,从而形成文人的园林观。文人园林不仅是以"中隐"为代表的隐逸思想的物化,它所具有的清沁淡雅格调和较多的意境涵蕴,也在一部分私家园林创作中注入了新鲜血液。这使得写实与写意相结合的创作方法进一步深化,为宋代文人园林的兴盛打下了基础。

寺观园林的普及是宗教世俗化的结果,同时也反过来促进了宗教和宗教建筑的进一步世俗化。城市寺观具有城市公共交往中心的作用,寺观园林亦相应地发挥了城市公共园林的职能。郊野寺观的园林(包括独立建置的小园、庭园绿化和外围的园林化环境),把寺观本身由宗教活动的场所转化为兼有点缀风景的手段,吸引香客和游客,促进原始型旅游的发展,也在一定程度上保护了郊野的生态环境。宗教建设与风景建设在更高的层次上相结合,促成了风景名胜区,尤其是山岳风景名胜区普遍开发的局面,同时也使中国所特有的“园林寺观”获得了长足发展。

公共园林已更多地见于文献记载。作为政治、文化中心的两京,尤其重视城市的绿化建设。公共园林、城市绿化配合宫廷、邸宅、寺观的园林,完全可以设想长安城内的那一派郁郁葱葱的景象。唐代的长安是国际性的对外开放城市,外商、外交使节、留学生、学问僧云集,它的绿化建设情况通过他们的传媒,影响及于国外。天宝年间,留学中国的日本高僧普照,游历长安回国之后,即把长安的绿化情况上奏天皇,建议予以仿效推广。

隋唐时期是中国古建筑体系的成熟时期。隋朝建造了规划严整的大兴城,开凿了南北大运河,修建了世界上最早的敞肩券大石桥——安济桥。唐朝的城市布局和建筑风格规模宏大,气魄雄浑。长安城在隋大兴城的基础上继续经营,成为当时世界上最大的城市。在建筑材料方面,砖的应用逐步增多,砖墓、砖塔的数量增加;琉璃的烧制比南北朝进步,使用范围也更为广泛。在建筑技术方面,也取得了很大进展,木构架的做法已经相当正确地运用了材料性能,出现了以“材”为木构架设计的标准,从而使构件的比例形式逐步趋向定型化,并出现了专门掌握绳墨绘制图样和施工的都料匠。建筑与雕刻装饰进一步融化、提高,创造出了统一和谐的风格。唐朝的住宅,根据主人不同的等级,门厅的大小、间数、架数及装饰、色彩等都有严格的规定,体现了中国封建社会严格的等级制度。这一时期遗存下来的殿堂、陵墓、石窟、塔、桥及城市宫殿的遗址,无论布局或造型都具有较高的艺术水平和技术水平,雕塑和壁画尤为精美,是中国封建社会前期建筑的高峰。我国现存最早的木结构建筑的实物仅有唐代的五台山南禅寺和佛光寺部分建筑。其建筑特点是:单体建筑的屋顶坡度平缓,出檐深远,斗拱比例较大,柱子较粗壮,多用板门和直棂窗,风格庄重朴实。

(四)园林的成熟早期——宋代

两宋作为园林成熟时期的前半期,在中国古典园林发展史上,乃是一个极其重要的承前启后阶段。

在三大园林类型中,私家的造园活动最为突出。士流园林全面地“文人化”,文人园林大为兴盛。文人园林作为一种风格几乎涵盖了私家造园活动,并为它在下一个阶段的发展奠定了基础。文人园林的风格特点,也就是中国风景式园林的四个主要特点在某些方面的外延。文人园林的兴盛,成为中国古典园林达到成熟境地的一个重要标志。

皇家园林较多地受到文人园林的影响,出现了比任何时期都更接近私家园林的倾向。这种倾向冲淡了园林的皇家气派,也从一个侧面反映出两宋封建政治的一定程度的开明性和文化政策的一定程度的宽容性。寺观园林由世俗化而进一步文人化,文人园林的风格也涵盖了绝大多数寺观园林。公共园林虽不是造园活动的主流,但比之上代已更为活跃、普遍。

叠石、置石均显示其高超技艺,理水已能够缩移摹拟自然界全部的水体形象,与石山、土石山、土山的经营相配合而构成园林的地貌骨架。观赏植物由于园艺技术发达而具有丰富的品种,为成林、丛植、片植、孤植的植物造景提供了多样选择空间。园林建筑已经具备后世所见的全部形象,它作为造园要素之一对园林的成景和风格起着重要作用。尤其是建筑小品、建筑细部、室内家具陈设之精美，比之唐代又更胜一筹，这在宋人的诗词及绘画中屡屡见到。

唐代园林创作的写实与写意相结合的传统，到南宋时大体上已完成其向写意的转化。这是由于受禅宗哲理及文人画写意画风的直接影响，诸如“须弥芥子”、“壶中天地”等美学观念也起到了催化作用。文人画的画理介入造园艺术，从而使园林呈现为“画化”的表述。景题、匾联的运用又赋予园林以“诗化”的特征。它们不仅更形象地体现了园林的诗画情趣，同时也深化了园林意境的涵蕴。而后者正是写意的创作方式所追求的最高境界。所以说，“写意山水园”的塑造，到宋代才得以最终完成。

宋代是中国古建筑体系的大转变时期。宋代园林建筑虽没有唐代那种宏伟刚健的风格，但却更为秀丽、精巧，富于变化。建筑类型更加多样，如宫、殿、楼、阁、馆、轩、斋、室、台、榭、亭、廊等，按使用要求与造型需要合理选择。其建筑特征是：屋顶的坡度增大，出檐不如前代深远，重要建筑门窗多采用菱花隔扇，建筑风格渐趋柔和。在建筑布局上更讲究因景而设，把人工美与自然美结合起来，按照人们的主观愿望，加工、编织成富有诗情画意的、多层次的体形环境。江南的园林建筑更密切地与当地的秀丽山水环境相结合，创造了许多因地制宜的设计手法。由于《木经》、《营造法式》这两部建筑文献的出现，更推动了建筑技术及物件标准化水平的提高。宋代在中国历史上对古代文化传统起到了承前启后的作用，也是中国园林与园林建筑在理论与实践上走向更高发展水平的一个重要时期（见图 1-7）。现存宋代的建筑有山西太原晋祠圣母殿、福建泉州清净寺、河北正定隆兴寺和浙江宁波保国寺等。

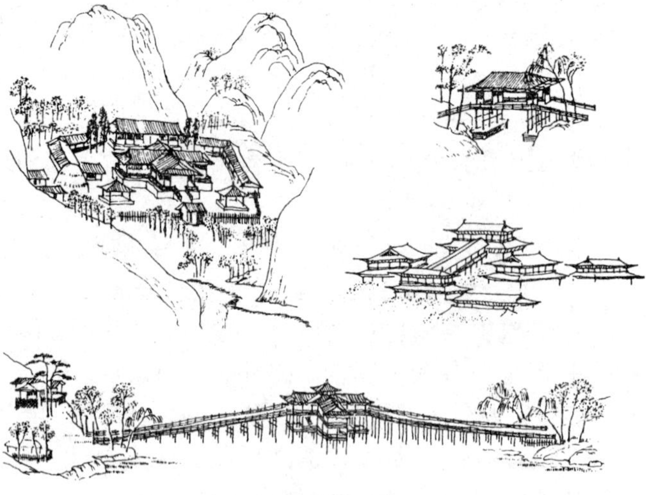

图 1-7　宋画中的建筑

（五）园林的成熟中期——元、明、清初

元、明、清初是中国古典园林成熟期的第二阶段，它上承两宋第一阶段的余绪在某些方面又有所发展。这个阶段的造园活动特点，大体上是第一阶段的延伸、继续，当然也有发展和变异。

士流园林的全面“文人化”，文人园林涵盖了民间的造园活动，促使私家园林达到了艺术成就的高峰，江南园林便是这个高峰的代表。由于封建社会内部资本主义因素的成长，工商业繁荣，市民文化勃兴，市民园林亦随之而兴盛起来。它作为一种社会力量浸润于私家的园林艺术，又出现文人园林的多种变体，反映了创作上雅与俗的抗衡和交融。民间的造园活动广泛普及，结合于各地不同的人文条件和自然条件，从而产生了各种地方风格的乡土园林。这些，又导致私家园林呈现出前所未有的百花争艳局面。

明末清初，在经济文化发达、民间造园活动频繁的江南地区，涌现出一大批优秀的造园家，有的出身于文人阶层，有的出身于叠山工匠。丰富的造园经验不断积累，再由文人或由文人出身的造园家总结为理论著作刊行于世。这些情况在以前均未曾出现过，这是人们的价值观念改变的结果，也是江南民间造园艺术成就达到高峰的另一个标志。

元、明文人画盛极一时，影响及于园林，而相应地巩固了写意创作的主导地位。同时，精湛的叠山技艺、造园普遍使用叠石假山，也为写意山水园的进一步发展提供了更有利的技术条件。明末清初，叠山流派纷呈，个人风格各臻其妙，既充实了造园艺术的内容，又带动了造园技巧的丰富多样。

皇家园林的规模趋于宏大，皇家气派又见浓郁。这种倾向一方面反映了明代以后绝对君权的集权政治日益发展；另一方面吸收江南私家园林的养分，保持大自然生态的“林泉抱素之怀”，则无异于注入了新鲜血液（见图 1-8）。

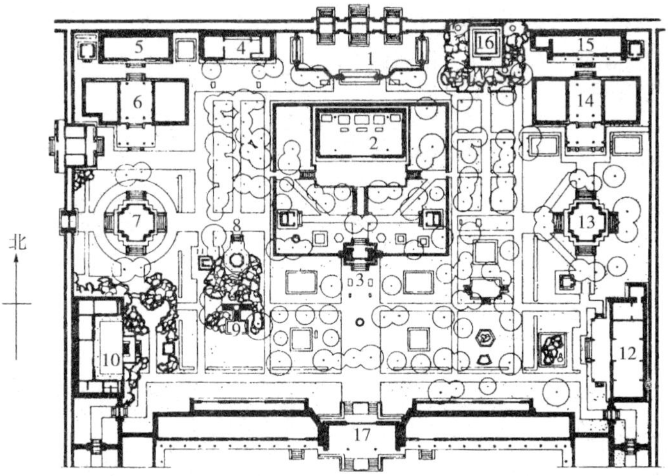

1—承光门；2—钦安殿；3—天一门；4—延晖阁；5—位育斋；6—澄瑞亭；
7—千秋亭；8—四神祠；9—鹿囿；10—养性斋；11—井亭；12—绛雪轩；
13—万春亭；14—浮碧亭；15—摛藻堂；16—御景亭；17—坤宁门

图 1-8　明代御花园平面图

在某些发达地区，城市、农村聚落的公共园林已经比较普遍。它们多半利用水系而加以园林化的处理，或者利用旧园废址加以改造，或者依附于工程设施的艺术构思，或者为寺观外围的园林化环境的扩大等，都具备开放性的、多功能的绿化空间的性质。无论规模的大小，都是城市或乡村聚落总体的有机组成部分。所以说，公共园林虽然不是造园活动的主流，但作为一个园林类型，其所具备的功能和造园手法，所表现的开放性特点已经是十分明显了。

元代是中国古建筑体系的又一发展时期。由于元朝统治者崇信宗教,尤其是藏传佛教,因而这一时期的宗教建筑异常兴盛。藏传佛教和伊斯兰教的建筑艺术逐步影响到全国各地。中亚各族的工匠也为工艺美术带来了许多外来因素,使汉族工匠在宋、金传统上创造的宫殿、寺、塔和雕塑等表现出若干新的趋势。留存至今的元代太液池万岁山(今北京北海琼岛)就是元代的盛景。

明清时期是中国古建筑体系的最后一个高峰时期。明代由于制砖手工业的发展,砖的生产大量增长,明代大部分城墙和一部分规模巨大的长城都用砖包砌,地方建筑也大量使用砖瓦。琉璃瓦的生产,无论数量或质量都超过过去任何朝代。官式建筑已经高度标准化、定型化。清代于1723年颁布了《工部工程做法则例》,统一了官式建筑的模数和用料标准,简化了构造方法。民间建筑的类型与数量增多,质量也有所提高。各民族的建筑也有了发展,地方特色更加显著。这一时期,建筑方面进一步发展了木构架艺术、技术,建筑出檐较浅,斗拱比例缩小。官式建筑形象较为严谨稳重,其装修、彩画、装饰日趋定型化;装修陈设上也留下许多砖石、琉璃、硬木等不同材质的作品。园林建筑在结合地形或空间进行处理、变化造型等方面都有很高的水平。

(六)园林的成熟后期——清中叶、清末

从乾隆时期到清末不到200年的时间,是中国历史由古代转入近、现代的一个急剧变化的时期,也是中国古典园林全部发展历史的一个终结时期。这个时期的园林继承了上代的传统,取得了辉煌的成就,同时也暴露出封建文化的末世衰颓迹象。这个时期的园林实物大量、完整地保留下来,大多数都是经过修整开放作为公众观光游览的场所。因此,一般人们所了解的“中国古典园林”,其实就是成熟后期的中国园林。

这一时期的建筑大体因袭前一时期传统,但也有发展和创新,建筑物更崇尚工巧华丽。清代晚期,中国还出现了部分中西合璧的新建筑形象。如圆明园的大水法、颐和园的清宴舫。

(七)现代园林的发展

现代园林的发展经历了恢复与建设时期(1949～1959年)、调整时期(1960～1965年)、损坏时期(1966～1976年)、蓬勃发展时期(1977～1989年)、提高发展时期(1990～1999年)和快速发展时期(2000年至今)。这一时期,园林绿化事业得到了蓬勃发展,城市园林绿化建设从量的增长转变为质的提高,在植物配置上注重了乔、灌、草相结合,古树名木和古典园林得到有效的保护与管理,园林绿化水平普遍提高,到1999年全国共建设国家园林城市(区)20个,一大批省级园林城市、园林小区和园林单位,大大推动了城市园林绿化事业的发展。到1999年年底,全国城市绿化覆盖率达27.44%,绿地率达22.9%,人均公共绿地面积6.52 m^2。

建筑随着时代和科技的发展不断进步,直到19世纪前,建筑一直以砖、瓦、木、石作为主要材料,几千来没有多大的变化。资本主义生产力的发展改变了这种情况:19世纪中叶开始在建筑中使用铸铁和钢,19世纪末开始使用混凝土和钢筋混凝土,20世纪20年代以后则开始了铝材和塑料等在建筑中的应用,即使是古老的材料(如木材、玻璃等)的使用,也因现代科学技术的进步而不断地得到改进。材料的进步促进了结构的发展。以钢和钢筋混凝土为材料的框架结构的大量应用是现代建筑技术发展中的一项重要成果，框架结构不仅可提高建筑的层数，同时也带来了不同于砖石结构的建筑外貌。第二次世界大战以后，新型建筑材料、新型结构形式更加层出不穷，如各种薄壳结构、折板结构、悬索结构、空间网架结构、膜结构及塑胶充气结构等。材料、技术和结构的进步又使建筑的层数不断增多，跨度不断加大，自重不断减轻，这不但为进一步满足建筑的使用功能创造了条件，而且为促进建筑形式的创新提供了条件。总之，随着新材料、新技术、新结构的发展，现代建筑的形式可谓“变幻万千”。

二、现代园林与园林建筑发展趋势

人类的思想、心理及需要随着社会的发展都在不断改变，园林也与其他所有的文化一样在变。现代园林由于服务对象不同了，园林范围更加广阔，内容更为丰富，尤其是随着人与环境矛盾的日益突出，现代园林不单纯是作为游览的场所，而应把它放在环境保护、生态平衡的高度来对待。随着社会经济的不断发展，人们的物质生活水平得到了大幅度的提高，工作时间的缩短及便捷的交通条件，都为人们提供了良好的外出观光游览的有利条件。人们渴望欣赏优美的园林景观，享受大自然的激情越来越强烈，促使园林事业的发展比历史上任何时期都更加迅猛。正是基于社会和人类的这种强烈的需求，现代园林与园林建筑发展就应该更适合于现代人生活，满足人们的各种需求。现代园林与园林建筑发展趋势主要体现在以下几个方面。

（一）合理利用空间

由于人口增加，土地使用面积相对减少，因此园林建设中应注意对有限空间的合理利用，提高空间的利用率。在造园实践中，不仅要合理利用各种大小不同的空间，而且要从死角中发掘出额外的空间来。

（二）园林的内涵在扩大

现代园林注重人们户外生活环境的创造，从过去纯观赏的概念转变到重视园林的环境保护、生态效益、游憩、娱乐等综合功能上来，现代园林成为人们生活环境的组成部分，再也不纯是为美观而设置。

（三）园林的形式简单而抽象

现代社会，人们的生活节奏在加快，古典园林建筑中繁杂细腻的构图形式不能适应现代人的审美需求，现代园林的设计讲求简单而抽象，所以在现代的园景中，我们常常可以见到大片的花、大片的树和草地。另外，在园林设计中由于受其他艺术的影响，园林创作也注意表现主观的创意、现代感的造型、现代感的线条，不但出现许多新颖的雕塑，而且连道路、玩具或其他实用设施也都抽象起来了。

（四）造园材料多样化

随着科学的发展，许多科研新产品不断被应用到园林中。如利用生物工程技术培育出来的大量抗逆性强的观赏植物新品种，极大地丰富了现代园林中的植物材料；塑料、充气材料的发明和应用，促进了现代园林中建筑物向轻型化、可移动、可拆卸的方面发展。

（五）造园材料企业化生产

受工业生产小规模化、标准化的影响，各国开始盛行造园材料企业化生产，不但苗木可以大规模经营，而且连儿童玩具、造园装饰品及其他材料，也多由工厂统一制造，这样做的弊端是丧失了艺术的创意，但在价值上及数量上却是改进了不少。

（六）采用科学的方法进行园林建筑设计

过去的观念是将造园当做艺术品那样琢磨，如今的园林及建筑设计却是采用科学的方法，设计前要先进行调查分析，设计后还要根据资料进行求证，然后配合科学技术来施工完成，所以说现代园林设计已从艺术的领域走向科学的范畴了。

第三节　中国园林建筑的特点

中国园林建筑是世界园林建筑中最独特而美妙的园林建筑，从 18 世纪以来，它深刻地影响着欧洲的造园艺术。中国园林的主要特色，是将自然山水林木与中国古代民族建筑和谐地结合在一起，形成富于曲折变化、烟波浩渺、虚实幻境、诗情画意的美丽景园。正如明代计成《园冶》所述："高方欲就亭台，低凹可开池沼"；"屋廊蜿蜒，楼阁崔巍"；"花间隐榭，水际安亭"；把中国古建筑与自然景观融为一体，达到"虽由人作，宛自天开"的地步，这就是中国园林的独到之处。

中国古建筑中的殿堂、楼阁、亭廊、轩榭、石舫、拱桥、假山、叠石等是中国园林建筑的主要景物，它们对点缀园林的景点起着很重要的作用。它们的合理布置和造型，使园林增添不同的生气和灵感，加之山水林木、花草配景，就显示出具有不同特点的园林特色。总的来说，中国园林建筑具有如下几个特点。

一、中国园林建筑的形式特点

建筑是一门独立的艺术门类，有着自己的规律和艺术原则，像中国建筑的木构架结构系统，被认为是东方建筑艺术的主要特点。但是在园林这一特定的环境中，建筑的艺术特性也发生了变化，它常常因园景的需要而进行调整，概括起来园林建筑有以下四个特点。

（一）顺畅别致的曲线

在所有线条中，曲线是最美的。中国的园林建筑就具有"多曲"的特点。自然界的山水风景，多数呈现柔和的曲线。山形石峰的轮廓线、溪流池湖的岸线多是曲线，自然景物很少呈笔直方正的几何形状，因而中国园林中的亭台楼厅也要与之相呼应，尽量以曲线的形式与大自然相呼应，除体现最基本力学规律的梁柱构架必须保证垂直外，平面有时变成了六角、八角、圆形、扇形等，本应该以直线组成的路、桥、廊等都因地制宜地变成了曲径、曲桥、曲廊，建筑屋顶外形、屋角起翘、檐口滴水、檐下挂落及梁架部件也呈现出很协调的曲线，为赏景而设的美人靠，几乎全用曲木制成，连踏步、台阶也常用自然石块来铺。这一由"直"至"曲"的改变，使建筑和周围的风景环境和谐地组合在一起。

（二）睿智巧妙的构思

园林建筑具有随意多变的特点。古建筑那种强调中轴线、绝对对称的群体布局方式被摒弃了，为了适应山水地形结构的高低曲折，园林建筑布局极为自然多变，可在山巅，可在水际，连作为主要活动起居场所的厅堂，也可从赏景的目的出发，"按时景为精"，灵活构思与布置。一些处于山水间的园林，其建筑更是依随山势水流自然地布置。如古城镇江沿长江自西而东有三座著名的寺院:金山寺、甘露寺和定慧寺。这三座寺庙园林的建筑布局完全不同。金山寺依山而建,层层拔起,完全将山包住,人称“寺包山”。焦山植被极好,宛如浮在江中的一枚翠螺;定慧禅寺坐落于山麓,小坡乔木将佛殿遮掩。从外面望去,只能依稀见到几段黄墙,人称“山包寺”。北固山突兀于江边,沿江一溜绝壁悬崖;甘露寺雄踞于山巅,人称“寺镇山”。这三座寺庙园林的建筑布局在不干扰自然景致的前提下,构思睿智巧妙,使自然打上了人的烙印,展现出自然人化美。

(三)不拘一格的型制

园林建筑一般具有雅朴的风格。“雕梁画栋”是古代诗人形容建筑美的常用语,可见古建筑的装饰比较华丽。园林建筑则反其道而行之,基本上不使用正规建筑繁缛艳丽的装饰,不用雕梁斗拱,追求雅朴的风格。“雅”是我国传统美学中一个很特别的范畴,通常是指宁静自然、简洁淡泊、朴实无华、风韵清新。这些在古典园林的建筑身上均有所反映。例如,正规建筑的模数采用一、三、五、七的奇数制,级别越高,开间的间数就越多。而在园林中,非但有二、四的偶数间出现,而且根据需要出现了一间半和两间半的型制。如苏州留园东部的揖峰轩,是石林小院中面对石峰的小斋,这里庭小景精,石峰、翠竹、芭蕉组成了小而雅的欣赏空间,因而小斋出现了两间半的布局。同样,苏州拙政园的海棠春坞也是一小庭中的主建筑,院中以垂丝海棠、石景为主题,小斋只有一间半的型制。由于不拘一格的园林设计,超越常规的型制样式,因而使这两处小院景色呈现出雅洁、别致和活泼的风貌。

(四)虚实空灵的通透

园林建筑一般都比较空透灵巧。正规建筑中实的围墙在园林中往往被虚的栏杆或空透的门窗代替,一些位于山巅水际的亭台小筑,干脆连门窗也不要了,四根柱子顶着一个屋顶。在这些建筑内,人们可以自由自在地环顾四周,尽情赏景,正如古人所说:“常倚曲栏贪看水,不安四壁怕遮山。”同时,建筑的空透开敞,又使室内外空间互相流通,打成一片。从外面来看,亭榭很自然地溶化在整个风景之中;而坐在建筑中的游人,也同样感到还是处在大的山水游赏空间之中。北京颐和园前山西面的山色湖光共一楼,既能看见玉泉山和玉峰塔,又能看见昆明湖的粼粼碧波,通过它开敞的四壁,几乎把外边的景致都引进建筑里面来了。《园冶》对此有专门的评论:“轩楹高爽,窗户邻虚,纳千顷之汪洋,收四时之烂漫。”我国园林中出现的建筑十分多样复杂,它们的名称、大小、高矮、体量、造型各不相同。小的园亭,仅能供数人游憩;而大的如苑圃中的宫、馆,则常常成为封建社会最高统治者日常理政之处。高的楼阁或依大江,或穷山巅,是登高远望不可缺少的观景点;而水际花丛中的小榭,粉墙下的几楹小斋,则半隐半露,檐椽之矮,仅能供人出入。至于造型之多变,更是无穷,决定园林建筑形式的主要因素,诸如平面组合、屋顶构成、门窗划分、装修图案等均可因景、因地制宜地变化,使园林建筑给人以虚实空灵的审美意境。通透美的根本意义在于使人们在人化的园林建筑中,与自然融为一体。

二、中国园林建筑意境交融的特点

园林建筑是人们游园散心、踌躇情怀、小憩聊天的地方。由境生情、陶冶情操,以情铸境、苟求幻象,这是园林艺术所应发挥的作用。远在我国春秋战国时期,就有“海上仙山——蓬莱、方丈、瀛洲"之构想,齐威王、燕昭王都曾派人到渤海求此三仙山;秦始皇遣徐福,率三千童男童女到东海仙山求长生不老仙药。从此"海岛仙山"就成为理想的境界,秦始皇欲求无获,则在咸阳引渭水挖长池,在池中堆筑"蓬莱山";汉武帝在长安营建建章宫时筑有大池,命曰:太液池,池中有蓬莱、方丈、瀛洲、壶梁,像海中神山、龟鱼之属(《史记·封禅书》);隋炀帝在洛阳筑西苑:凿北海,周环四十里。中有三山,效蓬莱、方丈、瀛洲,上皆台榭、回廊,水深数丈,开沟通五湖北海,沟尽通行龙凤舸(《唐宋传奇集·隋炀帝海山记》);宋初为南唐后主李煜,在汴京命侯苑开池,广一顷,池中垒石,像三神山,号称"小蓬莱"。故此以后,水中筑岛、山水联姻,就成为造园的一大特色。如苏州留园水面的东北角,筑有一小岛取名为"小蓬莱";杭州西湖偏南的一小岛取名为"小瀛洲";北京圆明园中的福海三岛,名曰"蓬莱瑶台"、"瀛海仙山"、"北岛玉宇"等,都是取其意而成境的做法。又如圆明园中互妙楼的得名,据乾隆解释曰"山之妙在拥楼,而楼之妙在纳山,映带气求,此互妙之所以得名也"。苏州狮子林中的"真趣亭"匾额由乾隆钦题,寓意"忘机得真趣,怀古生远思"。其他如承德避暑山庄中的水心榭、峻绣楼、云帆月舫、水流云在亭、濠濮间想亭、南山积雪亭等,都是"寓情于景,情景交融"的杰作。

三、中国园林建筑的布局特点

(一)"动"、"静"结合

中国园林建筑一般是根据整体空间环境,恰当地安插不同的建筑形体,使静止之物披上活跃的生气,增添游人欲动的感受。如在潺潺流水上的曲拱道桥、荡漾湖水中的石舫水榭、崇山峻岭上的云中飞亭等,都有使人虽置身于物,而心于欲动之感。袁枚在飞泉亭观赏瀑布后写下《峡江寺飞泉亭记》,感慨这一景观:"瀑旁有室,即飞泉亭也。……以人之逸,待水之劳,取九天银河,置几席间作玩。当时建此亭者,其仙乎?"如承德避暑山庄的烟雨楼,坐落在四面环水的青莲岛上,每当细雨迷迷蒙蒙,杨叶翻翻作响,满地荷花迎珠之时,置身清幽静岛楼阁之上,凭栏瞩望心潮翻滚。其他如水心榭、水流云在亭;苏州拙政园中的听雨亭、小沧浪,以及其他园林中的静心斋、双飞亭、烟雨桥等建筑物,都是取之于依"静"感"动"之意。

(二)"虚"、"实"相兼

透过空透亭廊的虚,观赏叠山林木的实,是中国园林中常用的手法。有人说亭的妙处就在于"虚",虚空纳万境。清代许承祖在《泳曲院风荷》一诗中说:绿盖红妆锦绣乡,虚亭面面纳湖光。苏东坡在《涵虚亭》中对游亭感慨:惟有此亭无一物,坐观万景得全天。如颐和园中有一组亭,名为画中游,是指透过空透的亭子观赏四周的景物,游人来到亭内就如同走进了画幅之中一样。

在众多园林中也常以某一空间为"虚",围墙院阑为"实";空旷原野为"虚",亭台楼阁为"实";镜面湖水为"虚",岛上建筑为"实"。即以"实"衬"虚",以"虚"含"实",是谓之虚中有实,实中有虚的相兼境界。

(三)"型"、"势"匹配

在中国园林建筑的构图中,比较强调建筑造型与地势体量之间的比例关系,建筑物的稳重轻飏、高低曲直,都要与所处的地势地形相协调,"随形就势,以标胜概"。

就山而言,殿堂楼阁宜建在山体体量庞大的“顶、峦、腰、麓”之上,而轻亭高塔则应建在山的“峰、巅、悬、峭”之处。如颐和园万寿山的佛香阁处,当初修建在这万寿山 20 m 高台上的是一座九层的“延寿塔”,后因觉得塔细而高,与环境极不协调,加之塔的自重问题而被拆除,改建为与环境统一的稳重造型建筑,即现在的佛香阁。又如承德避暑山庄湖区小金山顶上的上帝阁,虽山小但为湖区最高景点,故可依山就势建造三层六角形的楼阁,造型纤巧,构图优美。而在文园狮子林内,正殿“横碧轩”带抱厦三间、一侧的“清淑斋”敞厅三间和假山峰巅上的“占峰亭”等,这三座建筑的体量分别为大、中、小,故分别将其位置安排在低、中、高处,形成了体量和形势的统一。

就水而言,楼阁多建在有所依托的岸边和岛屿上,以控制水面景区,登楼可“外收湖山之胜,内揽园林风光”。而在水中、孤岛和湖角之处,则应修建亭榭石舫。这样,远观山水湖色,近看碧波倒影,以形成宽广水面与点缀景物的统一。

因此,在园林建筑设计中,不仅仅是为建房而筑房,而应该在各个技术环节上都能使其充分体现上述特点,以达到园林建筑的完美无缺。而要完整而全面地对园林建筑进行审美,必须对园林建筑的形式及审美特点有良好的把握。

第二章　园林建筑的设计方法与技巧

第一节　园林建筑空间的处理方法

人们的一切活动都是在一定的空间范围内进行的。其中,建筑空间给予人们的影响和感受最直接、最经常、最重要。人们从事建筑活动,花力气最多、花钱最多的地方是建筑实体,而人们真正需要的是实体的反面,即实体所围起来的“空”的部分,就是所谓的建筑空间。现代建筑师都很重视建筑空间的塑造,这和中国古建筑对空间的认识是一致的,中国古建筑特别重视对建筑空间的塑造,在这一点上,中国古典园林建筑最为突出。

一、空间的类型

一般来说,中国园林建筑空间的类型可以归纳为以下四种。

(一)聚合性的内向空间

我国传统的园林建筑,由于受到结构和材料的限制,在其进深与开间上相应小些,建筑一般以层层院落形成布局。其空间以群体建筑走廊、围墙等围合起来的四合院居多,庭园内以假山石、植物、水体为多,形成了一个动中有静、静中有动的“可望、可行、可游、可居”的聚合空间。

随着社会的发展,园林也越来越受到人们的喜受和关注,园林建筑是其中四个必不可少的要素之一,无论是动物园、植物园、盆景园、儿童乐园,还是综合性的大型园林,都有一些封闭的聚合性园林空间,一般是利用园林建筑围合空间,如廊、花架、园墙、栏杆,单独或组合营造出一个空间氛围,来满足不同年龄、爱好、职业、性别的游客的需要(如图 2-1 所示)。

图 2-1　聚合性的内向空间

(二)开敞性的外向空间

在园林之中起着点缀自然景观的建筑物,一般都是一些单体建筑的形式,它们灵活分散地布置在园林某些具有特征性的地域，与周围的自然环境完全融为一体，一般是一些四面开敞、通透的建筑形象。不论从建筑的任何一个角度，都可以观赏到不同的景色，真正做到了建筑美与自然美的融合。例如，临水建筑常以亭、榭、舫等三面伸入水中，且使其台面紧贴水面，使游客在赏景之余更获得炎炎夏日的清凉感，以及细察游鱼水草的亲切感，成为水面景观的重要点缀。如杭州西湖"平湖秋月"亭四面开敞，就是临水开敞性建筑空间的佳例（见图 2-2）。

图 2-2　开敞性的外向空间

山顶设置亭、塔、树木等，游人登高远眺，视野开阔，饱览周围景色。山坡、山麓地段，常以叠落的平台、游廊等联系位于不同标高的两组建筑物。这些建筑物一般也是开敞性的，顺着游廊或平台从上往下，或从下往上，均可获得步移景异的效果，避暑山庄的金山建筑群，都是建在山坡上的。

（三）自由布局的内外空间

自由布局的内外空间一般比较灵活，这种建筑空间是有闭有合的建筑物，虚实相间的建筑群体，具有内向性空间和外向性空间两大优点。如杭州西湖某处就是利用廊、亭、水榭等构成的既独立又开敞的空间（见图 2-3）。

（四）画卷式的连续空间

在中国园林建筑的空间组合方式中，可以按照一定的观赏路线将建筑物有序地排列起来，形成一种画卷式的连续空间，它是我国江南水乡的一些市镇中的建筑组合方式，一般以苏州居多（见图 2-4）。清乾隆年间修建的颐和园，也在后湖仿造了江南水乡的"买卖街"，采取"一河两街"的形式，长达 200 多 m，两岸街市分设各式店铺。

一般来说，园林建筑空间包括以上四种基本类型，只有将这四种形式有机地组合，灵活地搭配，才能构成多样变化的空间，以此来增加园林建筑的层次与神秘感。

图2-3　自由布局的内外空间

图2-4　画卷式的连续空间

二、园林建筑空间的布局手法及技巧

在我国园林建筑的设计中，总是把空间的塑造放在最重要的位置上，力求体现建筑物本身形体美的内在功能，以及与周围环境的结合关系。建筑物之间的有机结合也占据了很大的地位，只有将建筑空间、环境、人三者的关系处理得当，才能体现园林建筑的功能和特点。中国园林建筑在空间形式的处理手法是灵活多样的，主要有空间的对比、空间的"围"与"透"、空间的序列三种形式。

（一）空间的对比

空间是通过人的视觉感受到的，园林建筑空间也是以游人为中心，以阻挡游人视线的建筑实体为界面，所围合成空间的对比体现在两个不同的景区之间，两个不同的类别而互相毗邻的空间之间，一个建筑群的主、次空间之间，以及同一个建筑个体的不同位置之间的对比。

中国园林建筑空间对比的主要内容有：空间的大小对比、空间的虚实对比、幽深空间与开阔空间的对比、空间的形状对比、主次要空间的对比、空间的色彩对比、空间的层次对比、纵深空间与横向空间的对比等。

1. 空间的大小对比

在园林空间处理中经常运用"以小见大"的处理手法，一个"园中园"就可以体现出整个园林环境的氛围，在园林建筑空间设计中，可以是一桌一椅、一个小亭、一排栏杆，一堵低矮的围墙，一个敞轩，很巧妙地与周围的自然环境融为一体。这些小的建筑物位于空间的边缘或居中，为游人创造一个休憩、赏景的小型场所，使其在小空间中观赏大空间中动态变化的景物。在这种设计过程中，运用到了空间的对比手法，即小空间与大空间的对比，建筑空间与自然空间的对比，建筑空间中的色彩与虚实对比等均可灵活运用其中。同时，这种空间的对比手法也丰富了景物与建筑的美感，令游客产生了无限的想像。空间上的"大中见小"也体现了园林中空间对比的作用，且两者之间既相互联系，又相互制约。也就是从大空间进入小空间，从平旷到狭小，从喧闹到静幽，以大空间反映小空间，给游客意想不到的惊喜。

2. 空间的开合对比

空间的开合变化（即空间的聚散对比）也是园林空间对比的一种布局手法，如果处理得当，常能取得意想不到的戏剧性效果，在园林中体现为"欲扬先抑"的布局手法，要表现园林中的某一主题或某一景点，先在景点前方设置障景，给游人一种神秘感，然后在合适的空间，把这一点完全暴露在游客的面前，欲目睹大空间的美妙，先感受小空间的压抑。其实中国的庭院式住宅，以及一些现代化的园林之中，经常采取这种手法布局，在住宅或园林大门的入口正对面布局一些影壁或展览栏、雕塑等小型设施作为过渡，让游客绕过这些障碍，层层深入，到达更佳的景点或景区。这些主要是为满足游客心理上的感受和情感的变化而设，从而最大限度地发挥了园林的功能（如图 2-5 所示）。

3. 空间的虚实对比

建筑空间的虚实对比，在中国园林中运用也较多。一般而言，对于一个单体建筑，门窗是“虚”，墙体是“实”；对于建筑与其周围景物而言，如果建筑空间被认为是“实”，则建筑周围的环境及所合成的空间是“虚”，一些半开半闭的建筑在其中就构成了半虚半实的空间。此外，空间虚实的对比还表现在建筑物的质感、色彩等的变化，中国的园林建筑空间大多为半虚半实有机组合的整体（见图 2-6）。

图 2-5　空间的开合对比

图 2-6　空间的虚实对比

4. 空间的形状对比

幽深空间与开阔空间也可以产生对比效果，若这两种园林最基本的空间形态处理得当，则会有另一番效果，如颐和园山前湖景区的开阔与后湖景区的幽深形成了鲜明的对比。不同建筑类型在园林中采用不同的布局形式，这样在园林建筑的空间上可以产生许多丰富的对比变化。规整与不规整建筑物的融合，大型建筑与小品相匹配，游赏性建筑与服务性建筑的有机结合及建筑物与周围环境的有机统一等，属于园林建筑空间的形状对比（见图 2-7）。

图 2-7　空间的形状对比

5. 主次要空间的对比

主次要空间产生的对比，也是园林建筑空间对比的一种手段。在中国园林之中，一般有主次景点、主次景区、主次园林空间之分，只要分清园林建筑空间的主次地位，然后在建筑的体量、尺寸、形体、色彩上加以渲染，即形成一种主次建筑空间的对比效果。

总之，园林建筑空间在大小、开合、虚实、形状、主次的对比手法上，如果能够灵活运用，互相结合，会使其空间产生层次变化，富有节奏，从而符合园林建筑内在的实用功能和外在的造景需要。

（二）空间的“围”与“透”

园林建筑空间主要由一些建筑物围合或划分而成。园林建筑的功能表现在可围合划分园林空间，在一些大而分散的景区，其空间可以通过园林建筑组织围合。没有“围”，空间就没有明确的界限，但只有“围”没有“透”，建筑空间就变成了一个孤立的封闭个体，不能形成一个完整的建筑空间，势必会影响园林建筑在园林中的作用和地位。园林建筑以娱乐、游赏、休憩为主，所以在园林建筑空间的处理上，应以“透”为主，不能妨碍游客的游赏。

我国传统的单体园林建筑，一般由台基、屋身和屋顶三大部分构成，其建筑空间是由地面、墙柱、屋顶围合而成的三围结构。在现代的园林建筑构造中，可以用落地的玻璃门窗代替墙体部分，也可以是几根空灵的柱子支撑着一排不太厚实的屋顶，形成一个完全“透”的空间，以便游客自由活动，随意观赏，不受内在因素的影响。例如，游廊可用柱支撑，还可采用回廊的形式，从而形成一个有“围”有“透”的建筑空间。

对于建筑空间的“围”与“透”，布局手法可以有以下几种形式：建筑内部空间的“围”与“透”处理；建筑内部空间与外部空间之间的“围”与“透”处理；建筑物外部空间的“围”与“透”处理。

1. 建筑内部空间的“围”与“透”处理

建筑内部空间的“围”与“透”主要是为了满足建筑内部功能上的需要。园林建筑内部空间是一个多面体（六面体以上），如果空间太大，又平淡无奇，则可以适当地做一些划分处理，把其空间划分成不同的小空间。古代常用屏门、隔断、落地罩等加以隔开，现代常用彩色木板、有色玻璃塑胶等各种现代化建筑材料划分，以增加建筑空间的层次感、深远感。如天津水上公园某廊柱间的“围”与“透”处理（见图 2-8）。

2. 建筑内部空间与外部空间之间的“围”与“透”处理

建筑内部空间与外部空间之间的“围”与“透”处理主要考虑下面三个因素：建筑的朝向、建筑的使用性质、周围景观的特征。建筑同外部空间的“围”与“透”处理，主要表现为各种“实”与“虚”的建筑构件的运用上，具体处理方法是非常灵活的。一般“围”的空间处理常用实体分割，而“透”的空间处理常用一些“虚”的景物划分，例如墙体可以是实体，也可以是开有门洞、花窗的虚墙体，从而达到“围”中有“透”的造景效果。如香山公园内某水庭院的建筑“围”与“透”的处理（见图 2-9）。

3. 建筑物外部空间的“围”与“透”处理

园林建筑外部空间是由建筑物、游廊、假石、树木、花架等垂直面与地面、水面等水平面共同围合而成的，这种空间具有大小、形状、高低、色彩、气氛等不同特征。根据视点的变化，其外部空间也发生着节奏韵律的改变。

图 2-8　内部空间的“围”与“透”

图 2-9　内、外空间之间的“围”与“透”

建筑物外部空间的“围”与“透”处理的手段很多，包括建筑的与自然的各种因素：如高大的实墙运用的是围隔手段，而墙体上开一些景窗、门洞则形成了“围”中有“透”的艺术效果，这样就可以把墙及其外部的空间联系起来（见图 2-10）。

图 2-10　外部空间的“围”与“透”

总之，中国园林中利用建筑物来分隔空间是十分自由灵活的，因景而异，如果“围”与“透”的关系处理得当，则整个园林空间会显得自然活泼，生动有趣。

（三）空间的序列

一首优美的乐曲之所以会感人肺腑，是因为其节奏上的变化有快有慢、有强有弱、有张有弛，这样才使得其有韵律感和美感。在园林中，如果能巧妙地组织园林空间，激发游客的游览欲望，合理地组织好园林空间的序列，将会创造妙不可言的境界，满足游客的精神生活需要。

1. 空间序列的概念

空间序列是指空间环境的先后活动的顺序关系。空间的形状因其性质的差异（宗教性、娱乐性的空间分别有规整式和自然式的区别）而有所不同，不论是对称规则的空间，还是不对称、不规则的空间，都可以将其有序地组合起来，形成一个完整的空间序列。

2. 空间序列的分类

一般来说，空间序列有前面所谈到的两种基本形式，即对称、规则式和不对称、不规则式。

1）对称、规则的空间序列

对称、规则的空间序列以一根主要的轴线贯穿着，此过程有序景、发展、高潮、结景四个部分，建筑群体均匀分布在轴线的两侧。如此层层相套地向纵深发展，高潮在轴线的后部。如北京故宫的总体布局就是典型的规则空间序列，这种序列观赏路线沿着中轴延伸，给人庄严穆肃之感。再如颐和园中排云殿—佛香阁一组建筑群，错落有致，各个建筑高低不同，但有着共同的轴线，游人行走其间，能获得丰富的空间感受（见图 2-11）。

图 2-11　园林建筑的空间序列

2) 不对称、不规则的空间序列

不对称、不规则的空间序列,空间布局较自然,以迂回曲折见长,其轴线是一个循环的过程,在其空间中有若干个重点空间,在这些重点空间中又有一重点作为高潮,这种形式在中国园林建筑空间中大量存在。

第二节　园林建筑布局

园林的布局,就是先选定一个适当的建园基址,然后在基址上做总体规划,根据园林的性质、规模、使用要求、水文地质条件、气候等特点进行构思。这种构思是要借助一定的物质条件(如水体、山石、植物、建筑等造园要素)进行,并且采用一定的美学原理及构图法则进行整体的布局,从而给人们创造一个轻松的休闲游乐场所。

要研究园林建筑的布局特点,首先要探讨一下中国园林的布局特点。

一、中国园林的布局特点

虽然中国园林因性质、规模、地理环境的不同,在布局上也有较大的差别,但总体来说,中国园林以自然式为主,因此在布局上有共同之处。

(一)本于自然,高于自然

中国古代造园都是由一些文人、画家、造园家参与的,他们把对大自然的向往与感悟融进了整个造园之中,利用自然界的山石、水体、植物,加之人为创造的建筑物,扬长避短,使整个园林意境美,韵味无穷。所以,园林作品一般源于自然,但更高于自然。它不仅在有限的空间内美化了大自然的真山真水,实现了"小中见大"的整体效果,而且体现了其内在的艺术魅力,反映了人类追求自然、热爱自然的精神境界。

(二)巧于因借,精在体宜

一个良好的园林布局,应该从客观实际出发,因地制宜,扬长避短,发挥优势,顺理成章，不是凭主观臆想，人为地捏合造作，而是对地段特点及周围环境的深入考察，顺自然之势，经过对自然山水美景的高度提炼和艺术概括的“再创造”，达到“虽由人作，宛自天开”的效果。

“巧于因借，精在体宜”这八个字中，“因”就是因地制宜，从客观的实际出发；“借”是借助、利用，借助什么，借助自然中的有利因素；“宜”是合宜、和谐。那么，这八个字的意思就是根据自然环境的实际情况，巧妙利用自然中的有利因素，扬长避短，达到园林与周围环境的整体和谐。整体和谐自然也包括园林建筑与环境的和谐统一。“因借”是手段，“体宜”是结果。无锡寄畅园是“巧于因借，精在体宜”的经典之作。

（三）划分景区，园中有园

在一些大型园林中为了获得更加丰富变化的园景，扩大园林空间，可以将园林划分为若干个性质、规模、主题、形状各自迥异的小型空间，从而改进了园林偌大无奇的单调、呆板感，使整个园林更加妙趣横生，生机盎然。此外，在运用这种布局手法时，还可以穿插一些对比、衬托、借景、对景等的设计手法，把这些小空间有机地组织起来，形成一个有主有次、曲折多变的空间环境，使园林景观“小中见大，以少胜多”，在有限的空间内获得丰富的景色，以满足不同游客的喜好。

我国江南的一些私家园林，一般是以处于中部的山池区作为园林的主要景区，然后在其周围布置若干次要的景区，形成主次分明、曲折多变的序列空间布局，如无锡的寄畅园、苏州的拙政园等。

以上是中国园林布局的主要特点，在整个园林布局过程中，作为园林要素之一的建筑始终贯穿其间，园林建筑的布局是园林布局的一个很重要的部分。

二、园林建筑布局的手法及技巧

园林建筑在中国园林中所占比重较大，它不仅可以组织、划分空间，而且可以点缀园林景观，供游人就坐休憩，尽情赏景。园林建筑布局是园林整体布局的一个重要的组成部分，并且布局是园林建筑设计方法和技巧的中心问题。巧妙的立意，合适的基址选择，加之生动有序的布局，才能创造出好的建筑空间氛围。园林建筑布局虽然类型多样，但其布局手法大体上有以下几种。

（一）主与从

有主有从是艺术创作的一般规律，主从分明，有中心、有重点也是园林创造必须遵循的法则，无论是从大范围风景区到小型园林，都有各自的中心，也就是通常意义上的主题。园林规划的目的是通过一定的艺术手法，以次要的景物为衬托，突出主景、主题，并且主从之间要做到互相呼应，相得益彰。

中国园林的基本特点之一就是山水是主，建筑是从。但建筑的布局是结合环境，因势就筑。一般来说，园林建筑的主从布局大致有以下三种方式。

1. 建筑集中布置，与山水形成对比

中国园林的布局方式是：山—水—建筑。建筑一般背山面水，既突出了山水景观，又获得了良好的观赏条件。建筑集中布置既使自然空间开放、明朗，又使建筑空间封闭、曲折，有疏有密，形成对比，符合实用功能与艺术观赏两方面的需要。如北京颐和园，布局以自然山水为主体，把十几组建筑群与小园林布置于万寿山的前山阳坡地带，形成以排云殿—佛香阁为中心的建筑布局。其他较小的景点分别点缀在沿湖的堤岸及湖中的小岛上，形成主次分明、重点突出、景观鲜明的园林环境（见图 2-12）。

2. 建筑分散布局，相对集中成为重点

地域范围较大的风景名胜园林和寺观园林，景观变化多样，自然界的天然韵律要求建筑采取分散布局方式，建筑因环境的不同而灵活布置。如四川峨眉山与青城山的寺观园林建筑就是这样：布局上大的寺观联系若干小寺观和风景点，形成一个相对封闭的景区。大寺观一般在能控制一个大的景域范围的适中部位建制，是进行主要宗教活动和供客人食宿的地方，而延伸出去的小寺观与小景点则布置在观赏风景的绝佳处，如山顶、岩腰、洞边、溪畔，形成各有特色的景观，供游人坐憩、观赏；游览山道将主要的寺观和景点联系起来，一里一亭，二里一站，五里有住宿，满足了功能与观赏两方面的需要。

3. 建筑物沿着一定的观赏路线布置，在其尽端以主体建筑作为重点

如苏州虎丘，沿游览山道西侧建有拥翠山庄、台地小园路，路的尽端有一片开阔的岩石台地，北部有陡峭的峡谷、山涧、剑池，山坡上下，依势建有石亭、粉墙及其他游赏建筑物，而山巅处耸立着八角七级的云岩寺塔（及虎丘塔）作为结束，造型雄浑古朴，形象突出，控制了整个园林景域，很自然成为重点和高潮所在（见图 2-13）。

图 2-12　北京颐和园中建筑与山水的对比

图 2-13　苏州虎丘建筑的布局

（二）“正”与“变”

“正”与“变”是园林建筑整体布局应遵循的基本原理，“正”与“变”是园林建筑布局统一与变化的一个重要方面。园林建筑和其他艺术作品的创作一样，必须从“整体着眼，抓住局部”，组合成一个有机的整体。当然，这种组合是有“章法”可循的。所谓“章法”，对于园林建筑布局来说，就是有“正”有“变”，即在统一中求变化，在变化中求统一。

1. “正”与“变”的含义

什么是园林建筑布局的“正”与“变”呢？“正”就是以轴线为主组织建筑群体，“变”就是因地制宜灵活多变地布置建筑。“正”与“变”布局不仅满足了园林建筑功能上的需要（组织空间），而且满足了艺术构图的需要，因此是功能与技术的完美结合。

2. “正”与“变”在不同性质园林中的体现

1）皇家园林

宫廷区是“正”，园苑区是“变”，而对于园苑区内部，主要建筑群体是“正”，其余是

"变"。这样"正"与"变"的有机结合,使整个皇家园林显得规整而内涵丰富,有秩序。例如,北京故宫的"办公区"以"正"为主,而"生活区"以"变"为主(见图2-14)。

2)私家园林

一般居住部分是层层院落的形式,以轴线为中心,居住部分是"正",园林部分是"变",主体是自然的山水格局。在园林内部,主要的建筑也是"正",而其他的建筑由于布置灵活,属于"变"。由此可见,"正"与"变"是园林建筑布局不可缺少的设计手法,是"局部"与"全局"的关系,统一中求变化,变化中有秩序,灵活地布置,就会收到意想不到的景观效果(见图2-15)。

图2-14　北京故宫

图2-15　具有古典韵味的庭院

(三)静与动

1. 静是息,静是点

静观是指动态欣赏过程中的暂时停顿,如坐石观水、倚栏远眺、亭中小憩、山巅休息等。在园林创作中,对那些煞费苦心的精巧景致,造园家往往会做一些让人静观的暗示。人们游赏园林,在水池边或假山旁,凡筑有亭子、小轩之处,均应留意,多有精细含蓄的风景可赏(见图2-16)。

图2-16　静观的点

2. 动是游,动是线

要全面领略园林的美,就要一步一步沿着曲径、曲桥、曲廊等建筑物,游遍园林中的各个角落,所以动态的观赏是游园赏景的主要途径。动观,有速度快慢之分。游园的动观,是指游赏者随兴的缓步游览,也可以说是"闲庭信步"式的动(见图2-17)。

3. 动静的结合

在园林中的游览活动应当是动静结合。我国园林景色千奇百态，但是园林艺术十分强调意境。无论是大型的山水园林，还是宅旁屋后的私家小园，都是走走停停、动静结合的观赏，只不过各有侧重罢了。这种行止随意、动静交替的游赏方式，本身也形成了游园过程中的快慢节奏，提高了游览者赏景的情趣。动与静的游赏方式还常常和园中各种景物的动静状态互相交融。园林是充满活泼生气的艺术，其景色也动静多变。

按照动静结合的方式，园林中的建筑可以分为动观的线和静观的点。一般园桥、曲廊、园路、花架、栏杆等建筑是动观的线，其他的游憩建筑（如亭、榭、舫等）是静观的点（见图 2-18）。

图 2-17　动观的线

图 2-18　动静结合的建筑

（四）对景与借景

在园林中对景与借景的运用也很多，因此组织好对景与借景，可以丰富园林景观。

1. 对景

所谓对景，就是指位于园林绿地轴线及风景视线端点的景物。这样的景物，可以是自然界天然存在的景物，如山石、水体、植物等，也可以是人为建造的建筑物。对景的方式有正对和互对两种。在轴线的前、后两端面对面布置景点的方式，称为正对。两个景点之间的建筑物以轴线的关系对应起来，达到一点透视的效果。互对就是在轴线的两侧同时设立两处景观，使之互成对景，即交错式对景方式。这种方式所形成的对景建筑形象往往是生动多变的，起到多点透视的效果，在画面上也显得自由活泼。

2. 借景

园林建筑在布局时要“巧于因借”，这里的借就是借景的意思，借景即借周围的景色。借景不仅可以丰富园林景观，而且能够扩大园林的空间范围，是小中见大的空间处理方法之一。借景的方法包括远借、邻借、仰借、俯借和应时而借。

远借是把园外的景物借为本园所有，如借远处的大山、树木、建筑等。

邻借是把园子邻近的景物组织进来，如透过院落的围墙漏窗看到隔壁的厅、堂。

仰借是由低处仰望高处景物，如仰望蓝天景色。

俯借是居高临下俯视低处景物，如凭栏静观植物景观在池中的倒影，在山上建筑中观看全园风光等。

应时而借是利用一年四季、一日之中自然景色的变化来丰富风景。

在实际工作中，为了艺术意境和画面构图的需要，当选择不到合适的自然借景对象时，也可以适当设置一些人工的借景对象，以增加园林的神秘感和层次感。

第三节　园林建筑尺度与比例

尺度与比例是园林建筑布局不可缺少的部分，它直接影响着园林建筑的造景效果。

一、园林建筑的尺度

（一）尺度的概念

尺度在园林建筑中指建筑空间的各个组成部分与具有一定自然尺度的物体的比例。

尺度是设计时不可忽视的一个重要因素。建筑的功能、审美观念和环境特点是决定建筑尺度的依据，正确的尺度与建筑的功能、审美的要求相一致，并与环境相协调。园林建筑是供人们休憩、游乐、赏景的场所，空间环境应轻松活泼，富于情趣和艺术氛围，所以尺度必须亲切宜人。

（二）园林建筑中的尺度应用

古典园林建筑的尺度受到园林性质的影响，即使是同一种建筑，在尺度上也有差异。如北京故宫太和殿和承德避暑山庄澹泊敬诚殿，虽然都是皇帝处理政务的殿堂，但前者是上朝的地方，为了显示天子至高无上的权威，采用了宏伟的建筑尺度；后者受到避暑山庄主题思想的影响，以及它的行宫性质决定了其建筑体量、庭院的空间都不大，外形朴素淡雅，造型灵巧潇洒，采用单檐卷棚歇山屋顶、低矮台阶等小式做法，在庭院中还配有体态适宜的花木，使其尺度与四周的园林环境相协调（如图 2-19、图 2-20 所示）。

图 2-19　北京故宫太和殿的尺度

图 2-20　承德避暑山庄澹泊敬诚殿的尺度

一般建筑的尺度，需要注意门、窗、墙阶、柱廊等各部分的尺寸及它们在整体上的相互关系，如果这些关系符合人们常见的尺寸，符合人们的审美，就可给人以亲切感。但是，园林空间环境中不仅包括园林建筑，而且包括山石、水体、植物等造园要素。因此，要研究园林建筑的尺度，除要考虑建筑物和周围景物自身的尺度外，还要考虑它们之间的尺度关系。比如室内小空间景物的尺度不能应用于庭园中的大空间，高大乔木和低矮的灌木丛，小巧玲珑的单孔拱桥和宽阔的多孔拱桥，用来组织空间，在尺度效果上是完全不同的（如图 2-21、图 2-22 所示）。

园林建筑空间尺度是否正确，没有一个绝对的标准，不同的艺术境界要求有不同的尺

图 2-21 单孔拱桥的尺度

图 2-22 北京颐和园十七孔桥的尺度

度。要想取得理想的亲切尺度,一般除考虑适当的缩小建筑的尺度使建筑物与山石、树木等景物配合协调外,室外空间大小也要处理得当,一般不宜过分地空旷或闭塞。过分地空旷显得室外空间太单调、太呆板,缺少生机感;过分闭塞又使得室外空间过于狭窄,给人一种沉闷的感觉。中国古典园林中的游廊,多采用小尺度的做法,廊宽一般在 1.5 m 左右,高度伸手可及横楣,坐凳栏杆低矮,一排或两排细细的柱子支撑着不太厚的屋顶,给人一种空灵之感,游人步入其中备感亲切、舒适。此外,在建筑庭园中还常借助小尺度的游廊烘托较大尺度的厅、堂等主体建筑,并通过这样的尺度处理,来取得更为生动、协调的效果。要使建筑与自然景物尺度协调一致,还可以把建筑上的某些构件,如柱子、屋顶、基座、踏步等直接用自然的山石、树枝等来替代,使建筑和自然的景物更加相互交融。

(三)园林建筑尺度控制应遵循的规律

控制园林建筑室外的空间尺度,使之不至于因空间的过分空旷、闭塞而削弱景观的效果,要遵循如下的视觉规律:

H/D 为 1∶1 ~ 1∶3,满足人体的最佳视觉规律;

H/D 大于 1∶1,则使人心理上产生一种压抑、沉闷、闭塞之感;

H/D 小于 1∶3,则使游人产生空旷、单调、呆板之感。

其中,H 为景物自身的高度,包括园林建筑、山石、树木等景物的高度;D 为视点距景物的距离。所以,在园林外部空间设计时,应充分考虑其 H/D 的大小,H/D 在 1∶1 ~ 1∶3 之间,才能取得更好的观景效果。我国古代一些优秀的庭园设计,如苏州网狮园、北京颐和园中的谐趣园、北海的画舫斋等庭园的尺度基本上都符合以上的视觉规律。但故宫御花园以堆秀山为主的两个庭院中,其庭园四周被大体量的建筑所包围,在小面积的两个庭园中太满太高的假山石,使得其 H/D 大于 1∶1,给人以闭塞、沉闷、压抑之感。

需要指出的是,以上所讲的视觉规律主要用于规模较大的园林尺度分析。对于大型的风景园林而言,在其空间尺度上具有较大的灵活性,只要能够创造较大范围的艺术意境,在其视觉规律的体现上不可生搬硬套,一般的景物无论其大小及视点的远近均可纳入园内。此外,处理园林建筑尺度,还要注意整体和局部的相互关系。一般情况下,较小的室外空间建筑物的尺度应适当地缩小才能取得亲切的尺度效应;在较大范围的室外空间中的建筑物尺度也应该按比例加大,这样才能使其整体与局部的尺度关系更加协调,但是,有特殊的功能和造景要求时,可以适当地对其整体与局部的关系作调整,如为了突出某一局部，可适当地夸大其尺度。

加大建筑的尺度，一般可采用适当地放大建筑物部分构件的尺寸来达到目的，但如果把它们一律等比例放大，则会由于超越人体尺度而感觉不舒服。建筑物构造有大式和小式之分，屋顶形式有庑殿、歇山、硬山顶及单檐、重檐之分。为了增加亭、楼、阁、殿等体量而采用重檐屋顶的形式，这样就避免了因单纯按比例放大亭子的尺寸而造成粗笨的感觉，这些经验在探索空间的尺度领域方面给今天的设计者以很好的启示（如图 2-23、图 2-24 所示）。

二、园林建筑的比例

园林建筑设计中研究建筑空间的另一个重要的方法是如何灵活运用建筑的比例。

图 2-23　重檐屋顶的殿

图 2-24　重檐屋顶的双环亭

（一）比例的概念

比例在园林建筑中是指建筑自身的长、宽、高的比值关系和园林建筑与其他造园要素的大小关系。古典园林建筑中，一般建筑自身在各个组成部分都有一定的比例关系，这是由当时的建筑材料及审美角度等各种因素决定的；现代园林中随着建筑材料及建筑理念的变化，在比例上有很大的灵活性，但还是有规律可循的。

（二）园林建筑中比例的应用

园林建筑与植物、园路、广场、水体、山石等组成部分之间都应有良好的比例、肯定的外形，这样就更易于吸引人的注意力。所谓肯定的外形，就是形状的周边“比率”和位置不能做任何改变，只能按比例放大或缩小，不然就会丧失此种形状的特性。例如，正方形、圆形、等边三角形都有肯定的外形，而长方形就不一样，相同周长，可以有种种不同的比例，所以长方形是一种不肯定的形状。但是人们经过长期的观察和实践，探索出理想的长方形的长宽比应是符合“黄金分割”的比率，称“黄金比”，其长宽比值大约是 1∶0.618。亭是古典园林和现代园林中应用最为广泛的建筑，它的屋顶高与柱高也存在着一定的比例关系（见图 2-25）。

三、尺度与比例在园林建筑设计上的关系

一般来说，建筑的尺度和比例是紧密联系的，好的建筑设计应该做到比例良好、尺度正确。园林建筑除要考虑建筑自身的内部空间和外部形体的比例关系外，还要考虑园林建筑与周围环境的协调关系。

园林建筑在设计时，很难采用数学比率等方法归纳出一定的建筑比例规律，人们只能从建筑的功能、结构构造及传统的园林建筑的审美观念去认识和感知。我国古典的江南园林建筑造型式样大多轻盈舒展，纤细的柱子、不太厚实的屋顶、高翘的屋角、精致的门窗栏杆细部纹样等，在处理上一般是较小的尺度与比例。而北方皇家园林建筑则是较粗壮的柱子、厚重的屋顶、低缓的屋角起翘和较粗实的细部纹样，一般采用较大尺度的比例。现代园林建筑在建筑材料、造型等方面都有了很大的发展，特别是以金属、钢筋混凝土、砖石等结构为骨架的建筑物，在园林中的运用越来越广泛。这些结构不仅坚固耐久、不易腐蚀、可塑性强，而且体现了时代气息和人们审美的变化。

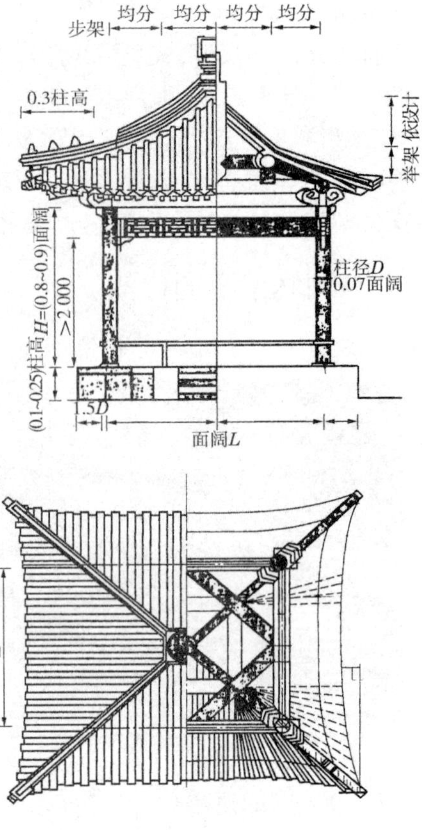

图 2-25　四角亭的比例关系

园林建筑环境中的水型、树姿、石态优美与否，同其本身的比例，以及与建筑物的组合关系是紧密相关的，同时也受到人们主观审美要求的影响。在人工园林建筑环境中的建筑物周围，景物究竟用何种比例，取决于它与建筑物在配合上的需要，而在自然风景区则是由建筑物配合周围环境，即建筑物的比例取决于其周围环境的尺寸。如树石配置，无论是孤植、群植或密植，都要根据建筑物周围的需要考虑其造型和比例。

总之，注重比例与尺度的苏州古典园林，采用了较小尺度，整个园林中的建筑、山、水、树、道路等比例是相称的。就当时的少数起居游赏来说，其尺度也是合适的，但是现在，随着旅游事业的发展，园林内外的游客大量增加，游廊显得狭窄，假山显得低矮，庭园不敷回旋，其尺度就不符合现代功能的需要。所以，不同的功能要求不同的空间尺度，不同的功能要求不同的比例，如北京故宫皇家园林，建筑山水尺度均比苏州园林的大，气势雄魂，其中亭就是如此（如图 2-26、图 2-27 所示）。

图 2-26　北京故宫秋千亭

图 2-27　杭州西湖翠芳亭

第四节　色彩与质感

一、色彩与质感的概念

色彩与质感的处理同样是体现园林建筑艺术感染力的重要因素。色彩有冷暖、浓淡之别，色彩的感情和联想作用给人以各种不同的感受。质感则表现为外形的纹理和质地两个方面：纹理有曲直、宽窄、深浅之分，质地有粗细、刚柔、隐显之别。质感虽然不如色彩能给人以多种情感上的联想，但质感可以加强某种气氛则毋庸质疑，苍劲、古朴、柔媚、轻盈等建筑性格的获取与质感的处理有很大关系。总之，色彩与质感是建筑材料表现的双重属性，两者相辅共存，只要善于发现各种材料在色彩、质感上的特点并利用它去组织画面，就可以获得良好的艺术效果。

二、园林建筑的色彩与质感

南、北园林建筑的色彩处理具有很明显的差别，即北方园林较富丽，江南园林较淡雅。北方皇家园林中的建筑，如果与宫殿、寺院建筑相比，其色彩处理还是比较朴素淡雅的，像承德离宫中的澹泊敬诚殿，不仅没有用琉璃瓦作为屋顶装饰，而且木作部分也一律不施油漆，使楠木本色显露于外，从而给人以朴素淡雅之感；另外一些北方皇家园林，如颐和园、北海等，不少建筑也采用青瓦屋顶、苏式彩画、墨绿色立柱等比较调和、稳定的色调来装饰，但主体部分的建筑群，如排云殿、佛香阁、智慧海等，色彩仍是十分富丽堂皇的（见图2-28）。与北方园林建筑相比，江南私家园林建筑的色彩处理则显得朴素淡雅，构成建筑最基本的色调不外三种：一是以深灰色的小青瓦作为屋顶；二是全部木作一律呈栗皮色或深棕色，个别建筑的部分构件施墨绿色或黑色；三是所有墙垣均为白粉墙（见图2-29）。

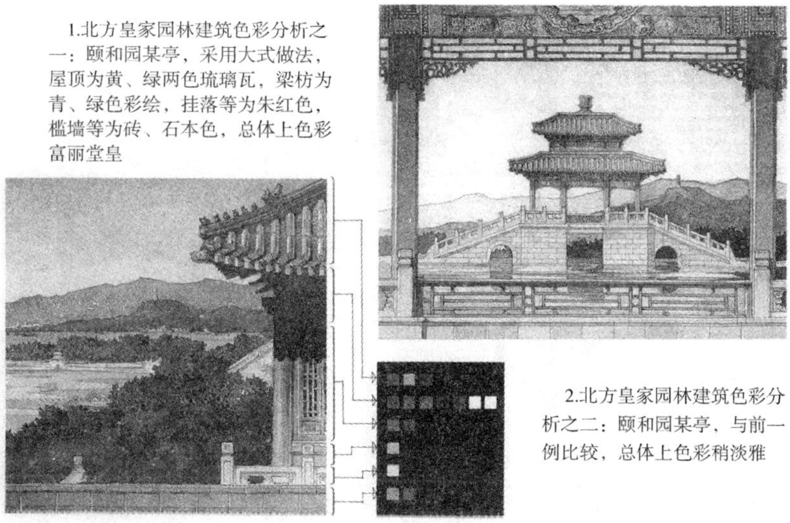

图2-28　南、北造园风格比较——色彩之一（彭一刚《古典园林分析》）

图 2-29　南、北造园风格比较——色彩之二(彭一刚《古典园林分析》)

这样的色调与北方皇家园林的那种金碧辉煌、炫耀富贵形成了鲜明对比。灰、栗皮、墨绿等均属调和、稳定而偏冷的色调，极易与自然界中的山、水、树等调和，给人以幽雅、宁静的感觉；而白色粉墙虽然很突出，但本身却很高洁，正可借黑、白色调的对比而破除沉闷感。这种南、北显著的风格差异，直到今天仍然有广泛的影响力(见图 2-30、图 2-31)。

图 2-30　北京某公园六角亭

又如墙面的质感处理，一般不外乎粉墙、砖墙、石墙、仿竹、仿木等诸种，但由于材料和砌筑、修饰方法上的不同，给人的感受却仍有很大差异(见图 2-32)。绿林深处，若隐若现的洁白平整的粉墙有着清幽宁静的情趣；小庭园中，光洁华丽的釉砖和马赛克墙面则可增添几分高贵典雅的气息；至于灰褐或青黄、表面粗糙、勾缝明显的石墙用于庭园，则富有古拙质朴的韵味(见图 2-33)。再以石墙为例，由于天然石材品种很多，又可以任意配色制造假石，因此石墙的做法很多，表现的效果也很不一样，设计中应因地制宜地使用。

图 2-31　杭州某公园厕所

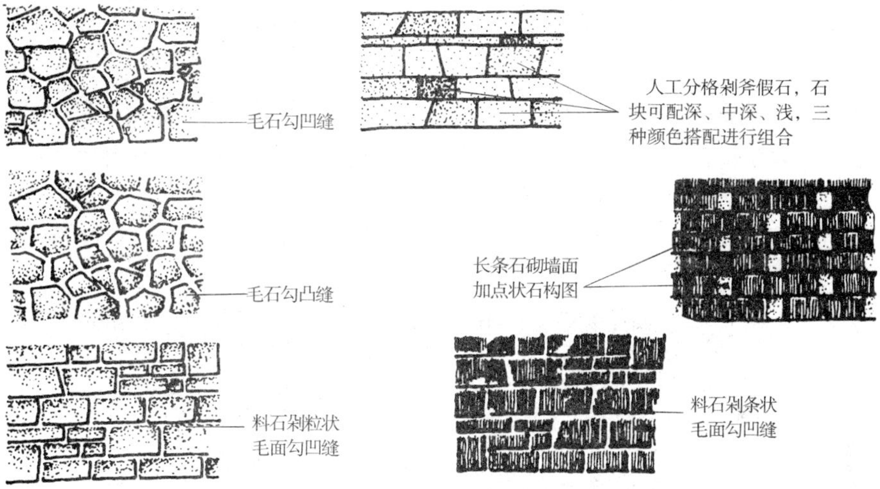

图 2-32　装饰性石墙做法举例（杜汝俭《园林建筑设计》）

图 2-33　昆明某建筑庭园

现代园林建筑采用的玻璃、钢材等各种新型建筑装饰材料，造型简洁、色泽明快，引起建筑形、色的重大变化，建筑风格正逐渐以新的面貌出现（见图 2-34 ~ 图 2-36）。

三、处理色彩与质感的方法

处理色彩与质感的方法，主要是通过对比或微差手法提高表现力。

对比是提升艺术效果的重要手段，色彩和质感的对比与体量、明暗、虚实的对比处理是一致的，要有主有从，突出重点。园林空间中，园林建筑通常起画龙点睛的作用，除选择显要的位置和塑造优美的造型外，还可以采用暖色调、高彩度的色彩，从而与冷色调的山石、植物取得良好的对比效果（见图 2-37、图 2-38）；或者通过粗犷豪放的材料质感，与周围精致细腻的空间景致形成鲜明的对比（见图 2-33）。

图 2-34　现代园林建筑的装饰材料之一

园林艺术的情趣是多种多样的，与对比手法所营造的风格相反，为了营造亲切、宁静、雅致和朴素的艺术气氛，可采用微差的手法取得各造景要素之间的协调（见图 2-39 ~ 图 2-41）。例如，成都杜甫草堂、望江亭公园、青城山风景区的一些亭子、茶室等，采用竹柱、草顶，甚至直接以原木建造，经过这样的处理，艺术气氛显得异常古朴、清雅、自然、耐人寻味，可谓是利用微差手法达到协调效果的优秀范例（见图 2-42、图 2-43）。

不仅建筑单体可利用上述处理手法，建筑小品如坐凳、踏步、园灯、栏杆等，也是一样的道理（见图 2-44 ~ 图 2-46）。

图 2-35　现代园林建筑的装饰材料之二

图 2-36　现代园林建筑的装饰材料之三

图 2-37　杭州花港观鱼公园牡丹亭

图 2-38　台湾阿里山姊妹潭的双亭

图 2-39　杭州花港观鱼公园长廊

图 2-40　上海某公园四角亭

图 2-41　上海某公园长廊

亭子建立在登山过溪转折点，长亭直接用原木、
树皮构造，并把两颗高大的楠树用做亭柱别饶风趣

图 2-42　成都青城山步桥雨亭

图 2-43　某公园木构草亭

图 2-44　新加坡裕公园日式小桥

图 2-45　昆明某公园雕塑

图 2-46　上海某公园石凳

第三章　游憩性建筑

第一节　亭

不论是在传统的古典园林中，还是在新建的公园及风景旅游区，都可以看到各式各样的亭子，它们为自然山水增色，为园林添彩，亭几乎成为园林中的代表建筑，起到其他园林建筑无法替代的作用。

历来，亭在我国园林中被普遍、广泛地运用，深得人们的喜爱，其传统的形象已成为我国园林的象征。广大人民群众对园林中的亭寄以深厚的民族感情，表达了我国人民的风俗习惯和文化传统。亭成为我国园林不可缺少的一部分。

一、亭的含义及其功能

（一）亭的含义

亭，特指一种有顶无墙的小型建筑物，是供行人停留休息的场所。《园冶》中记载“亭者，停也。所以停憩游行也。”因此，亭有停止的意思，可满足游人休息、游览、观景、纳凉、避雨、极目眺望之需。

在现代园林中，一般是指供游人避风雨、遮太阳、休憩、游览、赏景的小而集中的建筑形式。

（二）亭的功能

亭能够满足游人在游赏过程中作短暂的驻足休息、纳凉避雨、眺望景色等的需要，在功能上没有严格的要求。它具有丰富变化的屋顶形象，轻巧、空透的柱身，以及随机布置的基座。因而亭子在园林中也是点景和造景的重要手段。亭在功能方面还要从满足园林空间构图的需要出发，灵活安排，最大限度地发挥其艺术特点。

二、亭的分类

由古至今，在园林中亭被广泛地运用，因此亭的类型也非常丰富。

（一）从平面形式分

1.几何形亭

几何形亭包括三角亭、四角亭（方亭、长方亭）、五角亭、六角亭、八角亭、多角亭、圆亭及扇形亭等（见图3-1）。

2.仿生形亭

仿生形亭有睡莲形亭、梅花形亭、蘑菇亭等（见图3-2）。

3.半亭

半亭的平面一般呈完整亭平面的一半（见图3-3）。

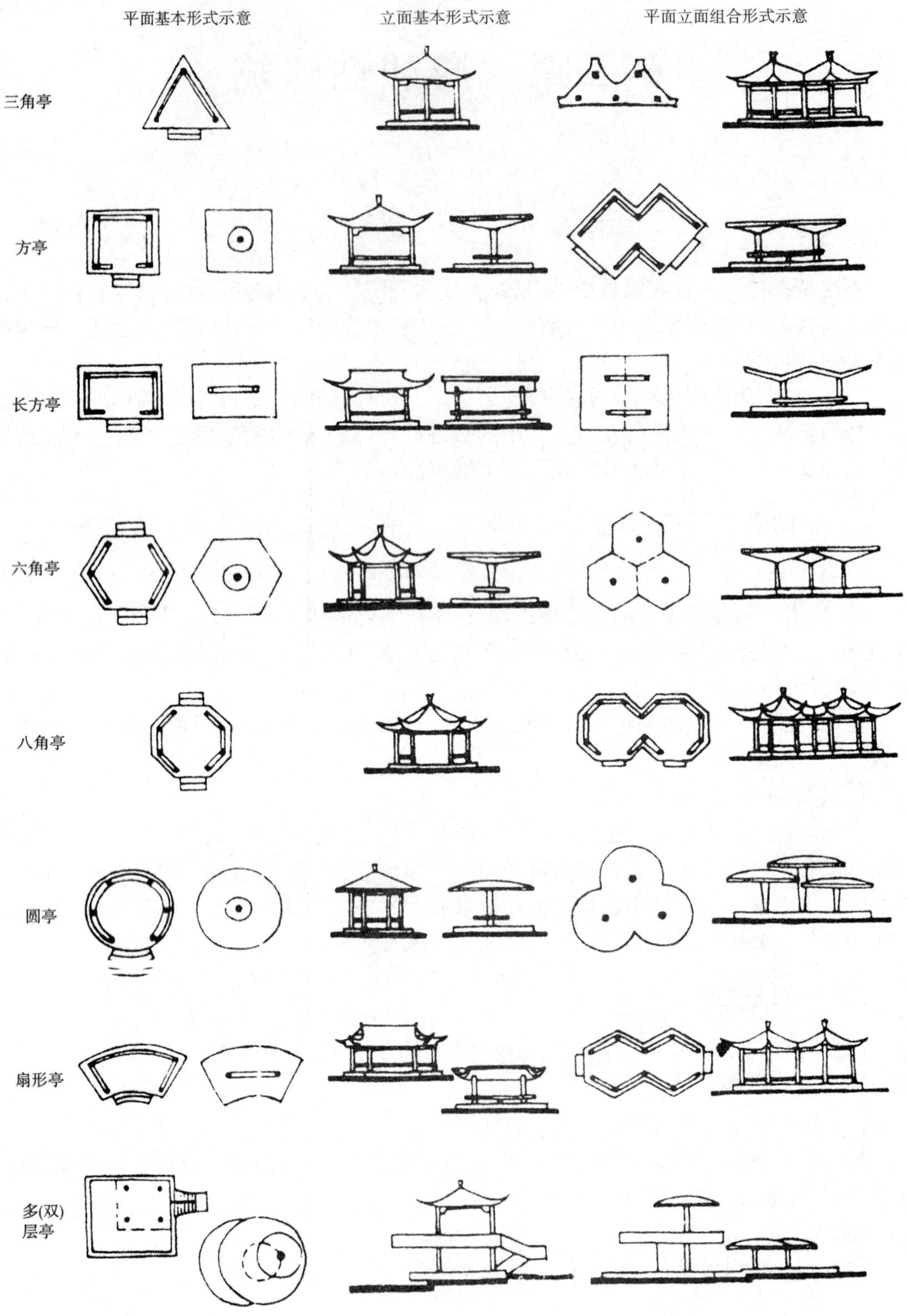

图 3-1　各种几何形亭

图 3-2　仿生形亭

图 3-3　半亭

4.双亭

双亭的平面形式有双三角形、双方形、双圆形等，一般为两个完全相同的平面联结在一起(见图 3-4)。

图 3-4　双亭

5.组合式亭

组合式亭是亭与亭、廊、墙、石壁等的组合。组合式亭是为了追求体形的丰富与变化，寻求更完美的轮廓线。如组合式亭中还有一种情况，就是把若干个亭子按一定的构图规律排列起来，形成一个丰富的建筑群，造成层次丰富、体形多变的建筑形象和空间组合，给人们更为强烈的印象(见图 3-5)。

目前，随着社会的发展，现代园林也不断发展，亭的平面形式出现许多新的式样，为各种不规则的图形，称为现代亭(见图 3-6)。

图 3-5　亭廊组合

图 3-6　各种现代亭

(二)从屋顶形式分

亭就屋顶形式分为单檐亭、重檐亭、三重檐亭等,能够产生极为绚丽多彩的建筑形象,并且可以丰富屋顶造型。

就亭顶而言,以攒尖顶亭为多,还有歇山顶亭、悬山顶亭、盝顶亭及圆顶亭等,近些年来运用钢筋混凝土做平顶亭、各种仿生顶亭等较广泛(见图 3-7)。

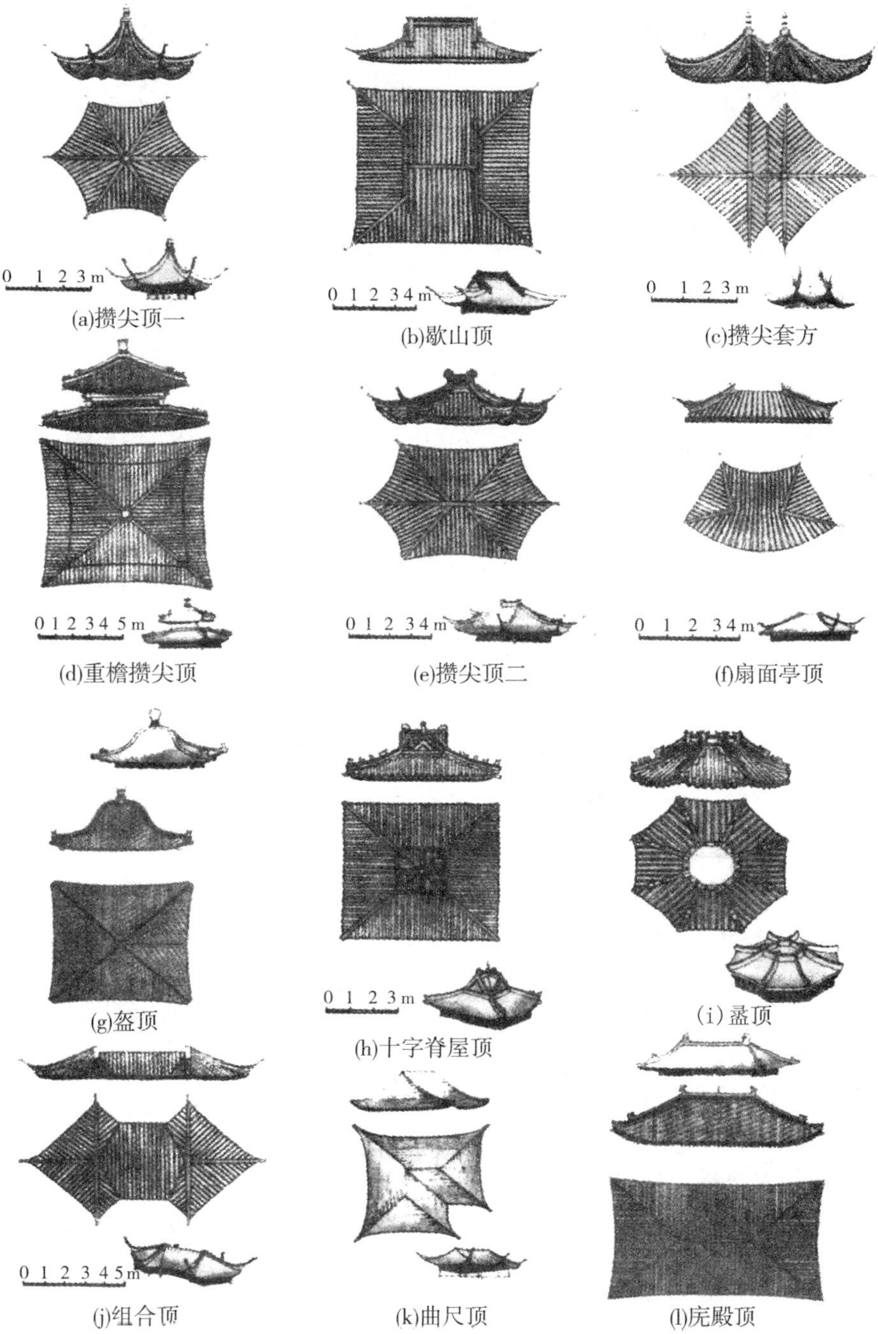

图 3-7　各种屋顶形式亭立面图

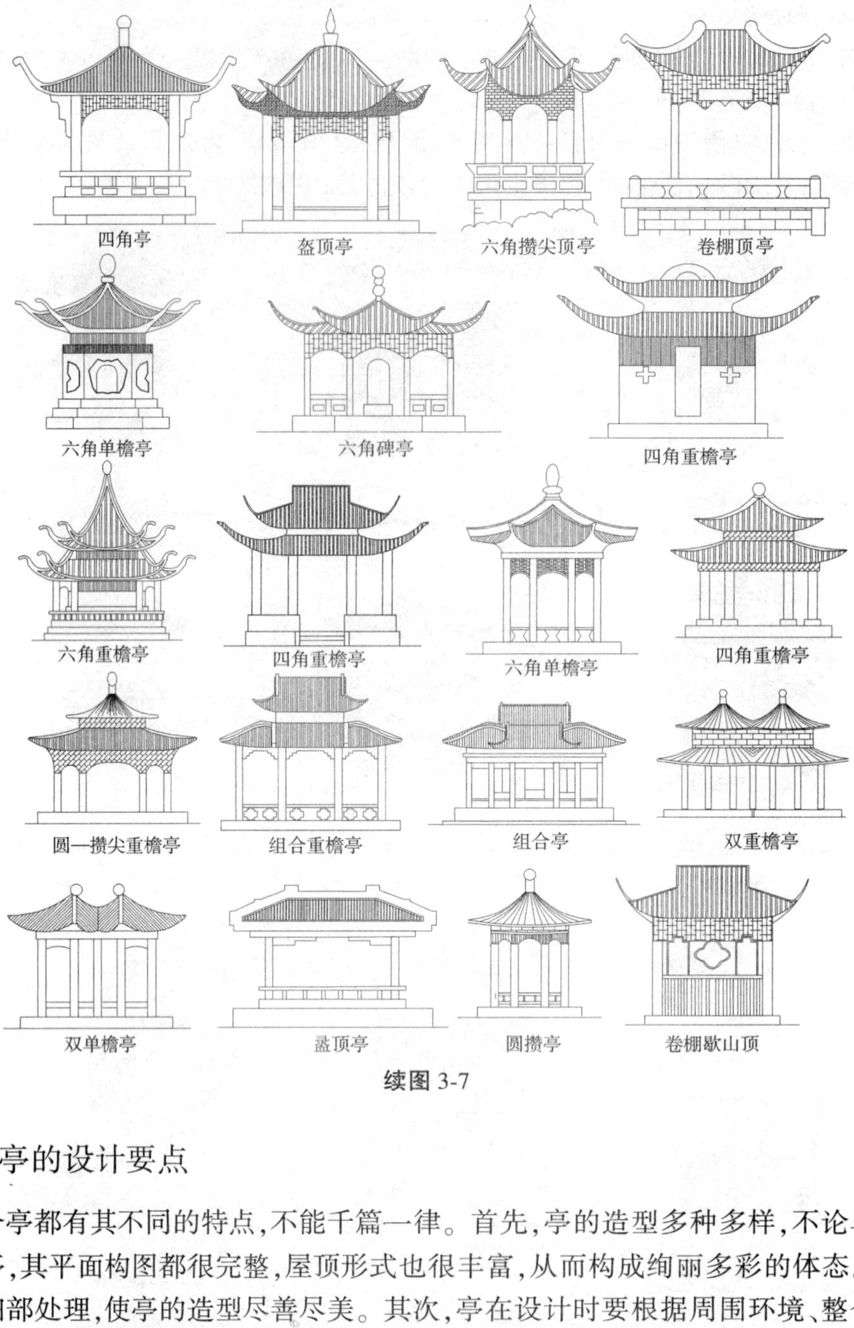

续图 3-7

三、亭的设计要点

每个亭都有其不同的特点，不能千篇一律。首先，亭的造型多种多样，不论单体亭还是组合亭，其平面构图都很完整，屋顶形式也很丰富，从而构成绚丽多彩的体态。精美的装饰和细部处理，使亭的造型尽善尽美。其次，亭在设计时要根据周围环境、整个园林布局及设计者的意图等来进行设计。具体设计要考虑以下几方面的问题。

(一)亭的位置选择

亭的基址选择总的原则是：从功能要求出发，或点景，或赏景，或休憩，应有明确的目的，进而结合园林环境，因地制宜，根据基址特点，配合恰当的造型，才能发挥其最大的作用。在园林布局中，其位置选择极其灵活。明代计成在《园冶》一书中，讨论到亭的位置时说："亭胡拘水际，通泉竹里，按景山颠，或翠筠茂密之阿；苍松蟠郁之麓；或借濠濮之上，入想观鱼；

倘支沧浪之中,非歌濯足。亭安有式,基立无凭。”这里指的花间、水际、山颠、泉流水注的溪涧、苍松翠竹的山上等都是不同情趣的自然环境,有的可以纵目远眺,有的幽僻清静。从古到今,亭的位置选择较为灵活,可山地建亭,可临水建亭,也可平地建亭。

1.山地建亭

山地建亭,适于登高远望,眺览的范围大,方向多,视野开阔,并能突破山形的天际线,丰富山形轮廓,使得山更加富有生气,同时也为游人登山提供了休息和赏景的环境。因此,山地设亭应选凸出处,不致遮掩前景,又是引导游人的标志。我国著名的风景游览胜地,常在山上最佳的观景点设亭。另外,山上建亭还能控制全园景区,丰富园林的空间构图。对不同高度的山,建亭的位置有所不同。北京故宫御花园内堆秀山上御景亭,设在墙体之上,不仅可以观赏到全园的景致,园外的景致也尽收眼底,是清代帝王嫔妃休闲观景的好去处(见图 3-8)。

1)小山建亭

小山高度一般为 5~7 m,一般是人为所建的假山,此处建亭常在山顶,以增加山的高度与体量,更能丰富山体轮廓,但一般不宜建在山体的几何中心,避免构图的呆板和单调。

2)中等山建亭

宜在山脊、山腰或山顶设亭,应有足够的体量,或成组设置,以取得与山形体量协调的效果。

3)大山建亭

一般在山腰台地或次要山脊设亭,亦可将亭设在山道坡旁,以显示局部山形地势之美,并有引导游人的作用。大山设亭要避免视线受树木的遮挡,同时,还要考虑游人的行程,应有合理的休息距离。

2.临水建亭

在我国园林中,水是重要的构成要素,水面或开阔,或舒展,或明朗,或流动,有的幽深宁静,有的碧波万顷,情趣各异。因此,园林中常结合水面设亭。要求尽量贴近水面,伸入水面,最好是三面临水或四面临水。临水亭的造型宜低不宜高。其体量的大小要根据所处水面的大小而定。在小岛上、湖心台基上、岸边临水设亭,体量宜小。在桥上设亭,能够划分空间,增加水面空间层次,丰富湖岸景色,使水面锦上添花,又可保护桥体结构,还能起交通作用,但要注意与周围环境协调(见图 3-9)。

图 3-8 北京故宫堆秀山御景亭

图 3-9 杭州西湖临水亭

3.平地建亭

平地建亭以休息、纳凉、游览为主,视点要低,避免平淡、闭塞,应尽量结合山石、树木、水池等,构成各具特色的景观效果。平地建亭通常位于道路的交叉口上,林荫之间,花木、草坪、山石之中,形成有特点的空间环境。但不要设在通车干道上,设在路的一侧或路口,以免堵塞交通。在主要景区的前方筑亭,还可作为一种标志。此外,廊间重点或尽端转角等处,也可用亭来点缀(如图 3-10 所示)。

图 3-10　兰州百合公园平地亭

除此之外,还可结合园林中的巨石、洞穴、丘壑等各种特殊地形地貌设亭,取得更为奇特的景观效果。总之,亭的位置选择是灵活的,即所谓的"造亭无定式"。

(二)亭自身造型的设计要点

1.亭的造型

亭在造型上形态多样,轻巧活泼,向上独立而完整,易于结合各种园林环境,其特有的造型增加了园林景致的画意。亭的造型主要取决于平面形状、平面组合及屋顶形式等。在设计时要各具特色,不能千篇一律;要因地制宜,并从经济和工程角度考虑结构的合理性;要根据民族的风俗、爱好及周围的环境来确定其色彩、装饰等。

2.亭的体量及比例

1)体量

亭的体量随意,大小自立,但一般较小,要与周围环境相协调。亭在周围环境中既可作为园林主景,也可形成园林局部小品。亭的直径一般为 3~5 m,如郑州花园口事件记事广场碑亭,为了突出该广场的纪念意义,在造型上古典庄严,仿木结构、尺度较大(见图 3-11)。在中国古典园林中,现存最大的亭是颐和园的廓如亭,为八角重檐攒尖亭,面积约 130 m^2,高约 20 m,与十七孔桥和龙王庙相协调(见图 3-12)。而苏州园林中有些亭为了与狭小的环境相适应,有意缩小其尺度,有的甚至只能容下一个人。

图 3-11　郑州花园口事件记事广场碑亭

图 3-12　颐和园廓如亭

2)比例

在古典形式亭的造型上,屋顶、亭身及开间三者在比例上有密切联系,其比例是否恰当,对亭的造型影响很大。

一般情况下,亭子屋顶高度是由屋顶构架中每一步的举高来确定的,每一座亭子的每一步举高不同,即使柱高等下部完全相同,屋顶高度也会发生变化。但根据我国南北方的不同,其举高也确实有差异,类型的不同及环境因素的不同,使其比例变化较大。

(1)屋顶(含宝顶)与柱高比。南方为1.2:1~1.5:1,北方为1:1左右(见图3-13)。

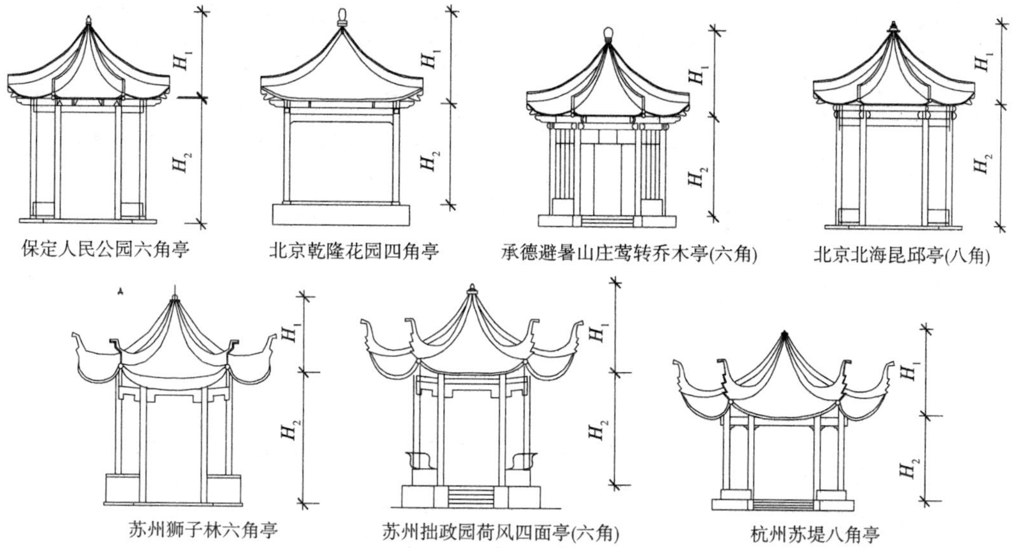

图3-13 亭顶与亭柱的比例关系

(2)开间与柱高之间有着不同的比例关系。四角亭为柱高:开间=0.8:1,六角亭为柱高:开间=1.5:1,八角亭为柱高:开间=1.6:1,圆亭为柱高:开间=1.6:1。

(3)柱径。北方柱径一般为柱高的1/11~1/10,南方柱径一般为柱高的1/11~1/10。

3.细部装饰

亭在装饰上既可复杂,也可简单;既可精雕细刻,也可不加任何装饰而简洁质朴。如茅草亭或仿茅草塑亭,使人感到自然、纯朴;而古典皇家园林的大多数亭,为显示皇家的富贵,大多进行了精细的装饰。精致的细部及装饰能使亭的形象更为生动,亲切宜人(见图3-14~图3-16)。

宝顶及屋脊是亭的点睛之笔,高耸的宝顶使亭的造型俊美、挺拔。一般情况下,宝顶宜长不宜短,矮小的宝顶使亭的形象大为逊色。屋脊也应具有一定的高度,线脚要分明,屋脊曲线要舒展,饱满有力,以增加形象上展翅欲飞之势。

花格是亭装饰必不可少的构件,它既能加强亭本身的线条、质感和色彩,又能使其通透、灵巧;挂落与花牙为精巧的装饰,具有玲珑、活泼的效果,更能使亭的造型丰富多彩;鹅颈靠椅(美人靠)、坐凳及栏杆可为游人提供休息的地方,若能处理恰当更能协调立面的比例,使亭的形象更为匀称;亭内设漏窗能丰富景物,增加空间层次。

亭的色彩与质感,要根据周围环境、风俗、地方特色、气候、爱好等来确定(见图3-17)。

图 3-14　仿茅草塑亭

图 3-15　茅草亭

图 3-16　故宫御花园皇家亭

图 3-17　北京香山公园古典亭

四、亭的材料选择与构造

(一)材料的选择

亭应就地取材,符合地方习俗,具有民族风格。一般选用竹、木、茅草、砖、瓦等地方材料,现在更多的是仿木、仿竹、仿树皮、仿茅草塑亭,另外,可兼用轻钢、金属、铝合金、玻璃钢、镜面玻璃、充气塑料、帆布、阳光板等新材料。

(二)亭的组成

亭一般由亭顶、亭柱、台基三部分组成。

1.亭顶

亭的顶部梁架可用木材和竹材制成,具有古典韵味,也可用钢筋混凝土或金属铁架等。亭顶一般可分为平顶和尖顶两类,形状有方形、圆形、多角形、仿生形、十字形和不规则形等。顶盖的材料则可用瓦片、稻草、茅草、树皮、木板、树叶、竹片、柏油纸、石棉瓦、塑胶片、铝片、铁皮、阳光板等构成,选用的材料要与周围整体环境相配合。

2.亭柱

亭柱的构造依材料而异,有水泥、石块、砖、树干、木条、竹竿、金属等,亭一般无墙壁,故亭柱在支撑及美观要求上都极为重要。柱的古典形式有方柱(海棠柱、长方柱、正方柱等)、圆柱、多角柱、梅花柱、瓜棱柱、多段合柱、包镶柱、拼贴棱柱、花篮悬柱等,而现代以圆柱和方柱居多。柱的色泽因环境各异,古典亭柱可在其表面上绘成或雕成各种花纹以增加美观性。

3.台基

台基多以混凝土为材料,若地上部分负荷较重,则需加钢筋、地梁;若地上部分负荷较轻,如用竹柱、木柱盖以稻草的亭,则仅在亭柱部分掘穴以混凝土做成基础即可。

各类亭的构造见图3-18、图3-19。

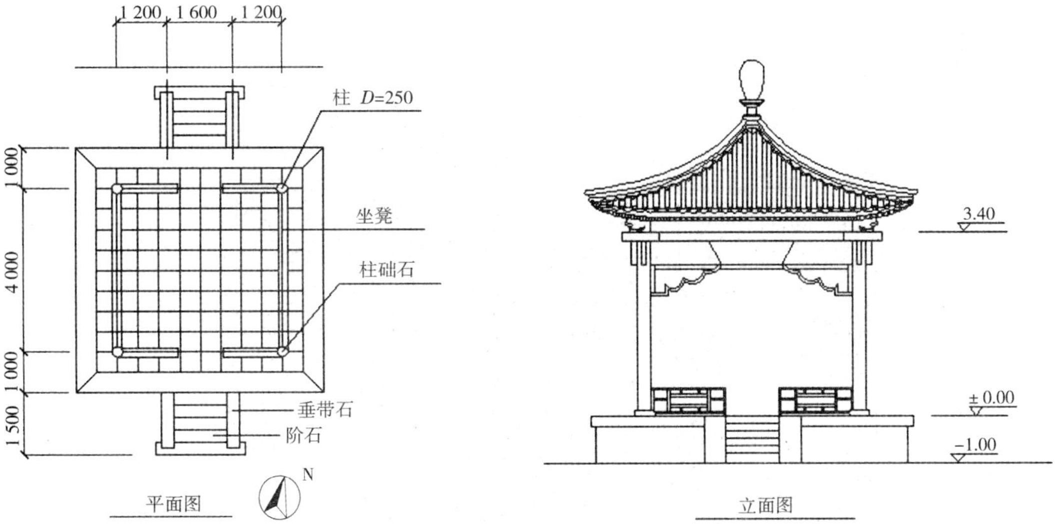

图3-18　四角亭构造　(单位:高程m,尺寸mm)

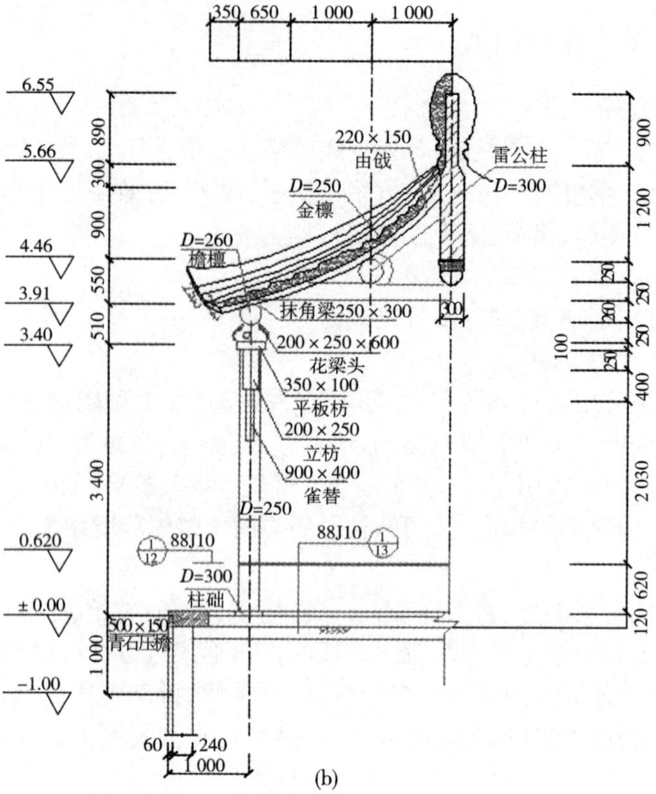
350 650 1 000 1 000
6.55
5.66
4.46
3.91
3.40
0.620
± 0.00
−1.00
890
300
300
900
550
510
3 400
1 000
220 × 150
由戗
雷公柱
D=300
D=250
金檩
D=260
檐檩
抹角梁250 × 300
300
200 × 250 × 600
花梁头
350 × 100
平板枋
200 × 250
立枋
900 × 400
雀替
D=250
88J10
88J10
D=300
柱础
500 × 150
青石压檐
60 240
1 000
900
1 200
250
250
250
250
250
100
400
2 030
120 620
(b)

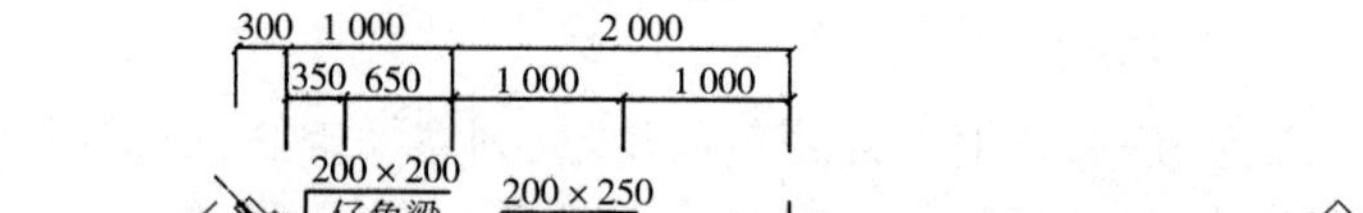
300 1 000 2 000
350 650 1 000 1 000
200 × 200
仔角梁
200 × 250
老角梁
180
612
1 154
200 × 200
1 000
2 000
1 000
D=250
金檩
250 × 300
200 × 150
抹角梁
260 260 260 260 250 250
260 260 260 260 250 250
剖面图
(c)

续图 3-18

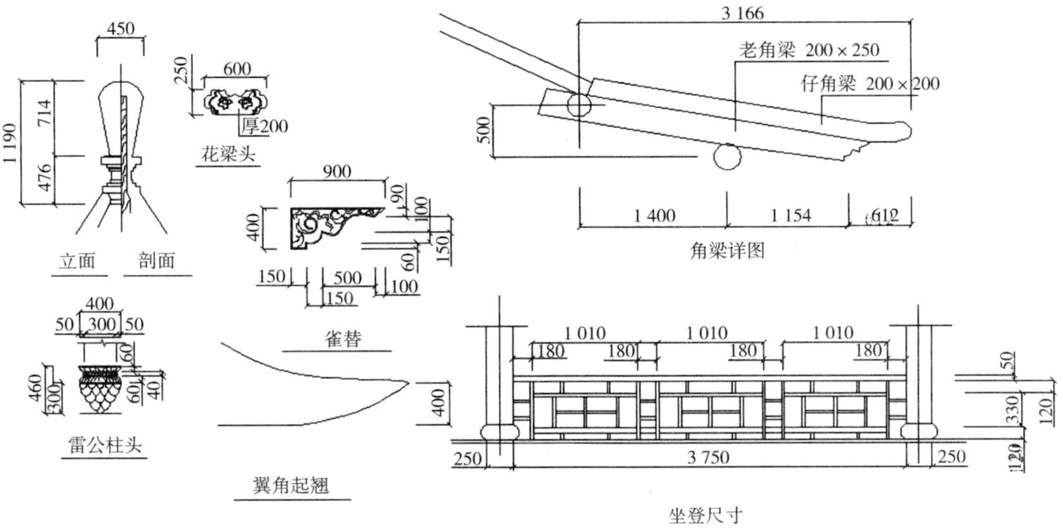

(d)

续图 3-18

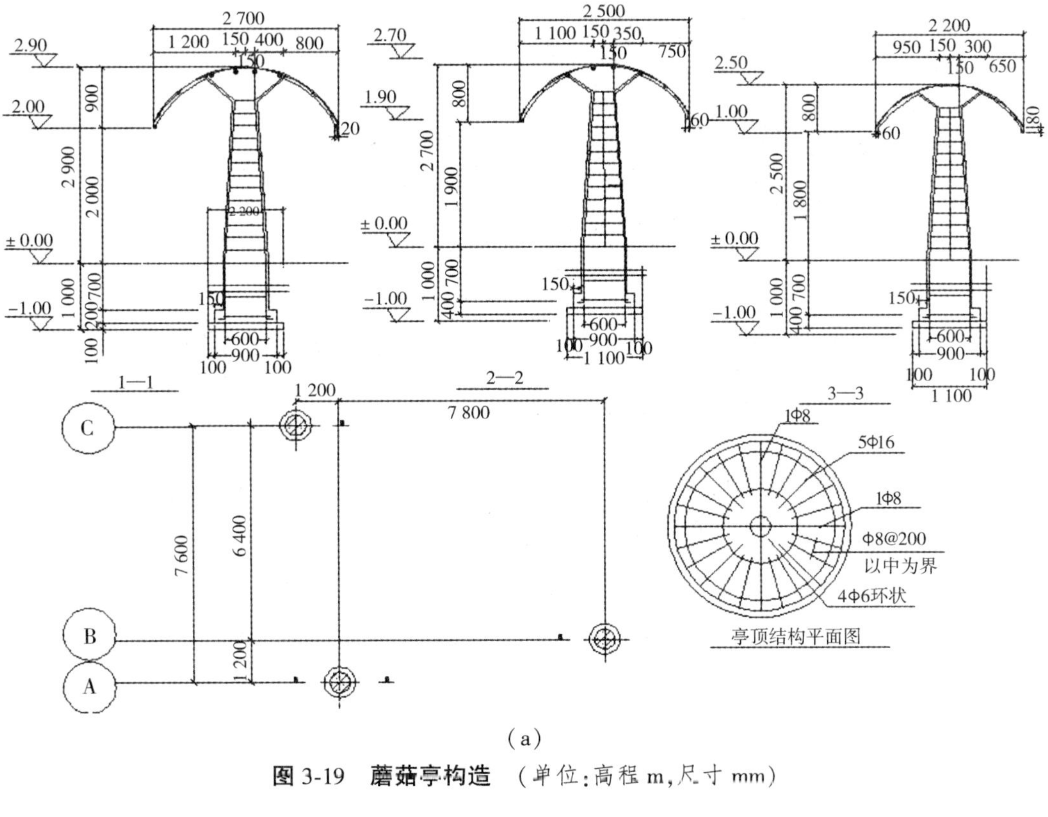

(a)

图 3-19　蘑菇亭构造　(单位:高程 m,尺寸 mm)

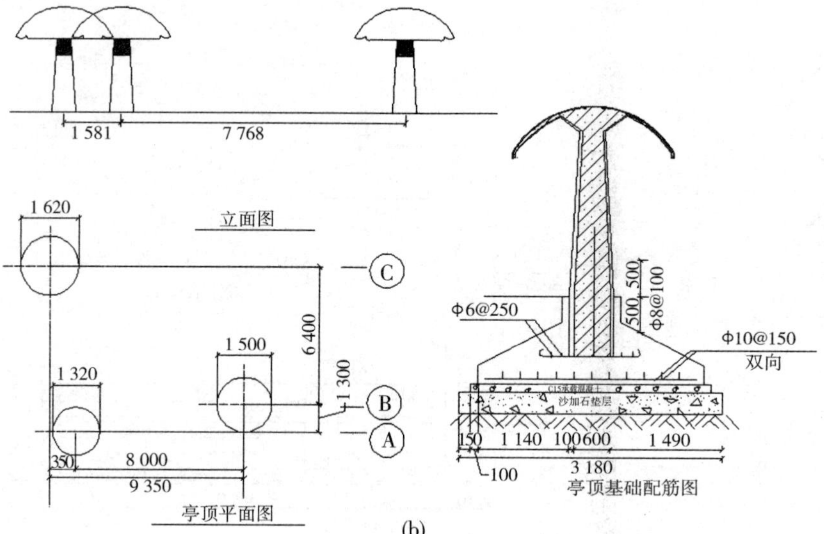

(b)

续图 3-19

五、亭的实例介绍

(一)苏州留园濠濮亭

该亭临水而建,平面前半部分伸入水面,使水可流经亭底部并以山石做柱基,以增自然轻巧之感。亭旁有一大树陪衬,使环境更为幽深。亭屋顶为正四角歇山顶,翼角高高翘起,有展翅欲飞之势(见图 3-20)。

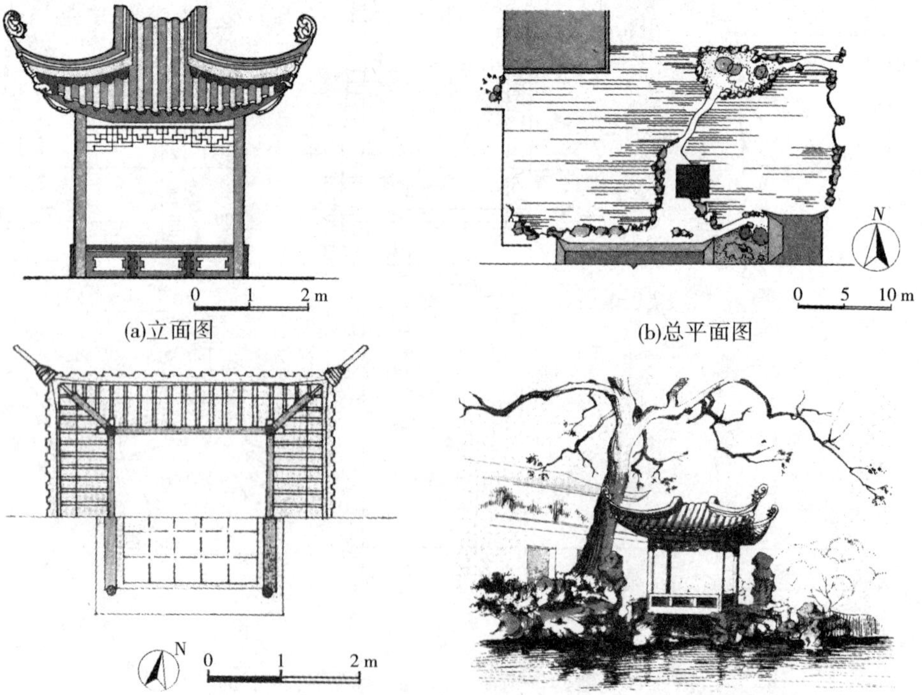

(a)立面图　(b)总平面图　(c)平面图　(d)效果图

图 3-20　苏州留园濠濮亭

(二)上海肇家浜绿地园亭

该亭为五亭成组布局,是小广场中的主体景物。平面为圆形,平顶,钢筋混凝土结构,造型简洁、新颖,色彩明快(见图3-21)。

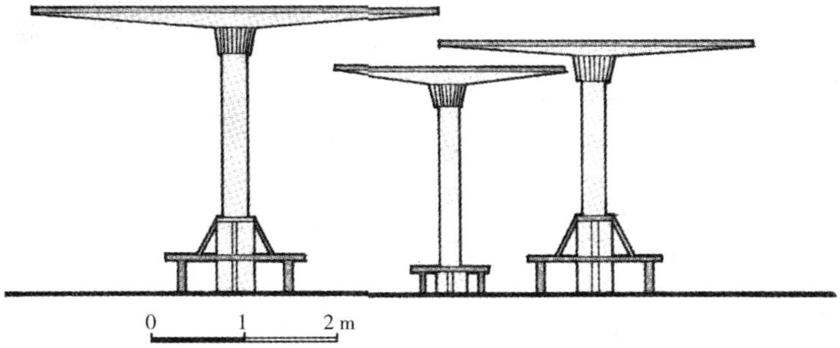

(a)立面图

(b)效果图

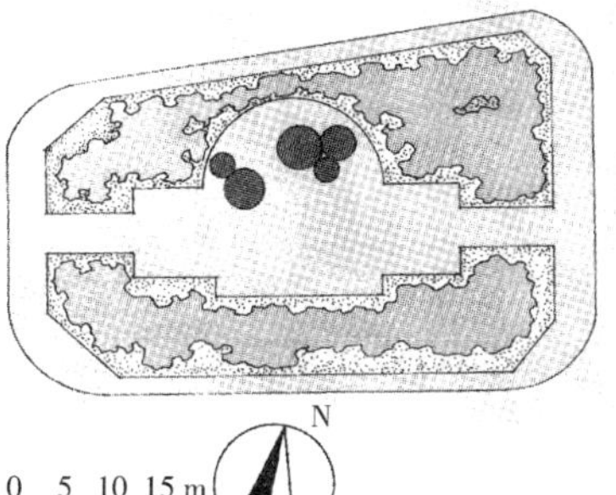

(c)总平面图

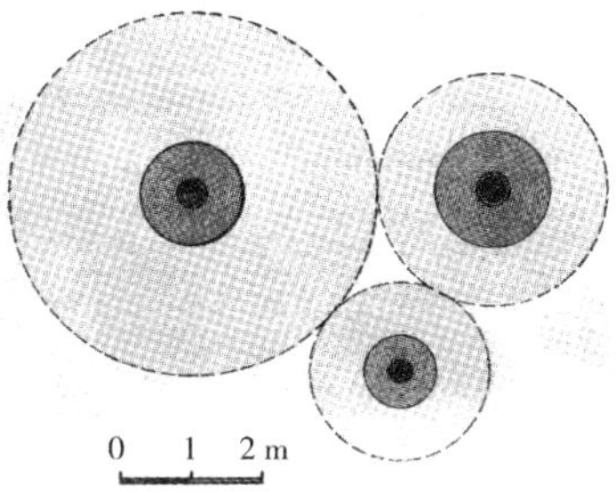

(d)平面图

图3-21　上海肇家浜绿地园亭

(三)自然风景区景点(亭)设计(图3-22、图3-23)

该设计用地位于自然风景区,区内山林、植被奇特,山脚有清泉流淌,山腰台地可远眺西山景色,设计要求建石桥跨溪,绕行登山至山腰台地观赏景色,并置亭供游人歇息、下棋、品泉。

该设计立意很好,景名题字"落日浮云"点明了景点的环境特色。布局也不错,以石桥景观为序幕，转弯后于登山口置牌楼。“入胜”景石作为第一高潮，再向前行沿石阶登山穿山洞（明暗对比第二高潮），然后转入平台，眼前空间豁然开朗，于此眺望西山落入浮云，静听山水，自然美不胜收、心旷神怡（见图 3-22、图 3-23）。

图 3-22　自然风景区景点（亭）设计立面图（方案草图）

图 3-23　自然风景区景点（亭）设计平面图（方案草图）

（四）苏州拙政园笠亭

亭位于小岛假山之上，以增山势，平面圆形五柱结构，造型简洁朴实，富自然情趣（见图 3-24）。

(a)效果图　(b)立面图　(c)总平面图　(d)剖面图　(e)平面图

图 3-24　苏州拙政园笠亭

（五）广州烈士陵园三角亭

亭位于公园道路的丛林之中，环境幽静。平面呈三角形与基址布局协调。钢筋混凝土结构，造型简洁，具有古典亭的特色（见图 3-25）。

(a)效果图 (b)立面图 (c)总平面图 (d)剖面图

图 3-25 广州烈士陵园三角亭

（六）广州兰圃春光亭

亭位于小岛尽端，临水而建。利用池岸与水面的地形高差建双层亭，底层紧贴水面，上层地坪与道路相连强调上下层的空间效果。亭为钢筋混凝土结构，表面仿树皮、木材装饰与周围环境协调统一（见图 3-26）。

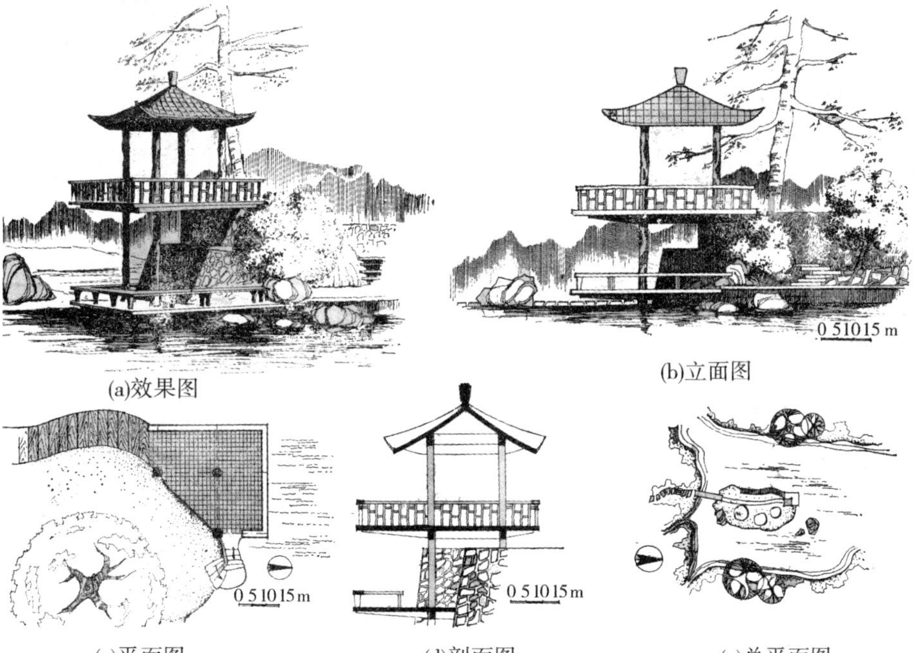

(a)效果图 (b)立面图 (c)平面图 (d)剖面图 (e)总平面图

图 3-26 广州兰圃春光亭

第二节　廊

一、廊的含义

廊，本来是为了适应中国木结构建筑的需要附于建筑周围，作为防雨防晒的室内外过渡空间，后来发展为建筑与建筑之间的连接通道，更广泛地应用于园林当中。廊通常以“间”为单元组合而成，能结合环境布置，平面富于变化(见图 3-27)。

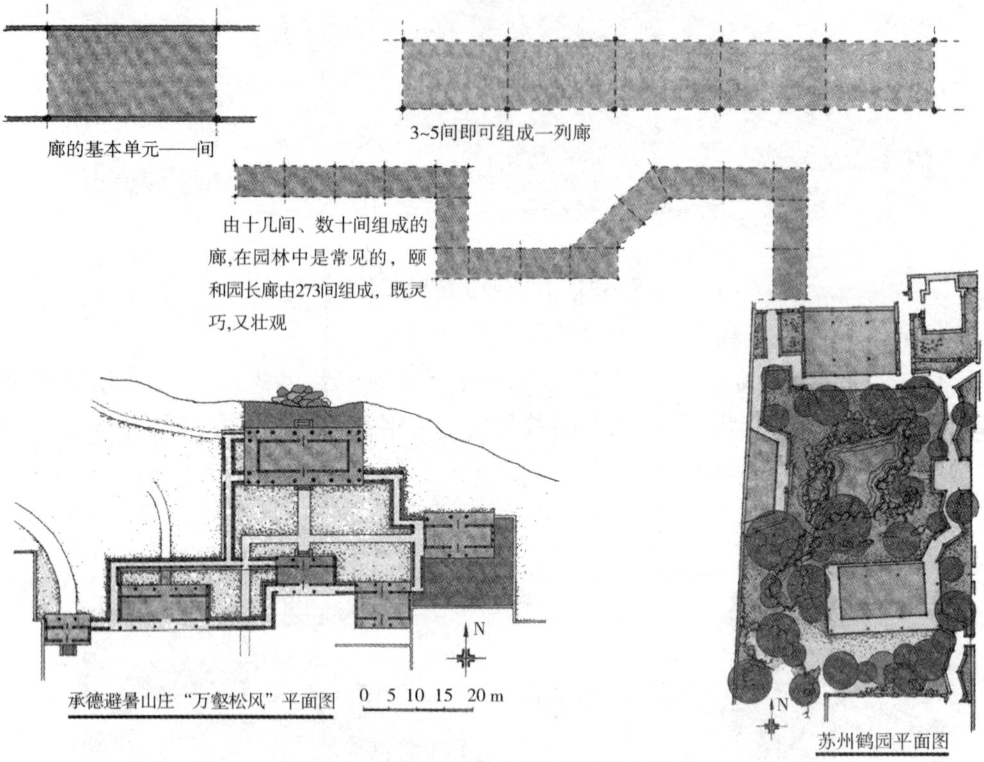

图 3-27　廊的连续性(卢仁《园林建筑》)

二、廊的功能

(一)连接单体建筑(蜿蜒曲折、高低错落)

廊，自从在园林中运用以来，形式日益丰富。中国木构架体系的建筑物，平面形状一般比较简单，通过廊、墙把一幢幢建筑单体连接起来，可以形成空间层次丰富多变的建筑群体。尤其在古典园林中，如果将整个园林作为“面”，亭、榭、轩、馆等建筑单体作为“点”，那么廊即为“线”。正是通过这些“线”才把各分散的“点”联系成有机的整体，并与山石、水体、植物等相配合，从而在园林“面”的范围内形成一个个独立且富有特色的空间环境(见图 3-27)。

(二)分隔并围合空间

廊，是园林中分隔空间的一种重要手段，但作为一种较“虚”的建筑元素，在一边透过廊的内部可观赏另一边的景色,相互渗透,表现出其特有的丰富和变幻空间层次的作用。即使依墙而设,也极尽曲折,形成小天井,再栽竹置石构成小景,使人有不尽之感(见图3-28、图3-29)。廊分隔空间的同时围合空间,也是围中有透。江南古典园林中常用此法,巧妙地创造出各种相互交融的小庭园,流畅生动,在非常有限的范围内创造出“庭院深深”的空间效果(见图3-30)。

园林中的游廊是半明、半暗、半围、半透的灰空间

图3-28　廊的通透性之一(卢仁《园林建筑》)

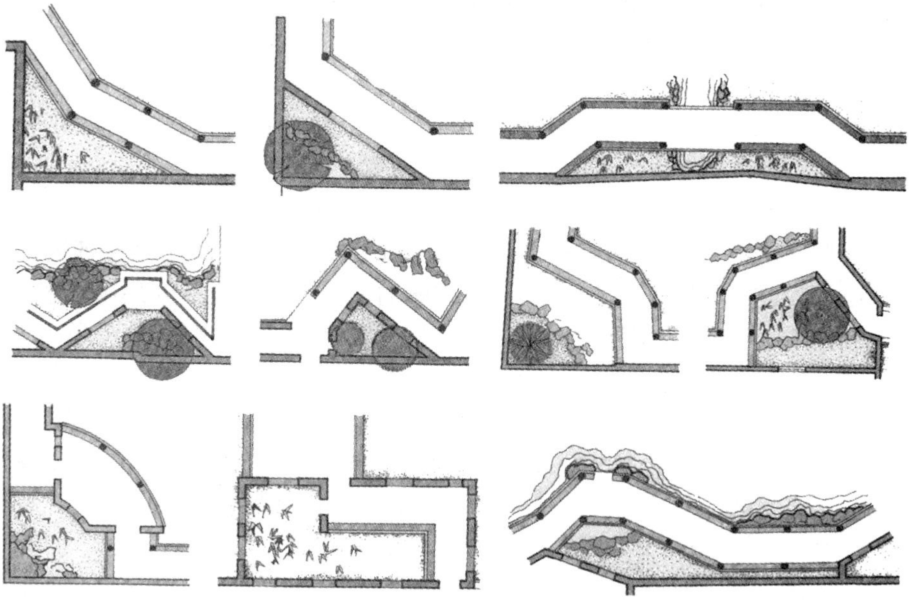

图3-29　廊的转角与曲折(卢仁《园林建筑》)

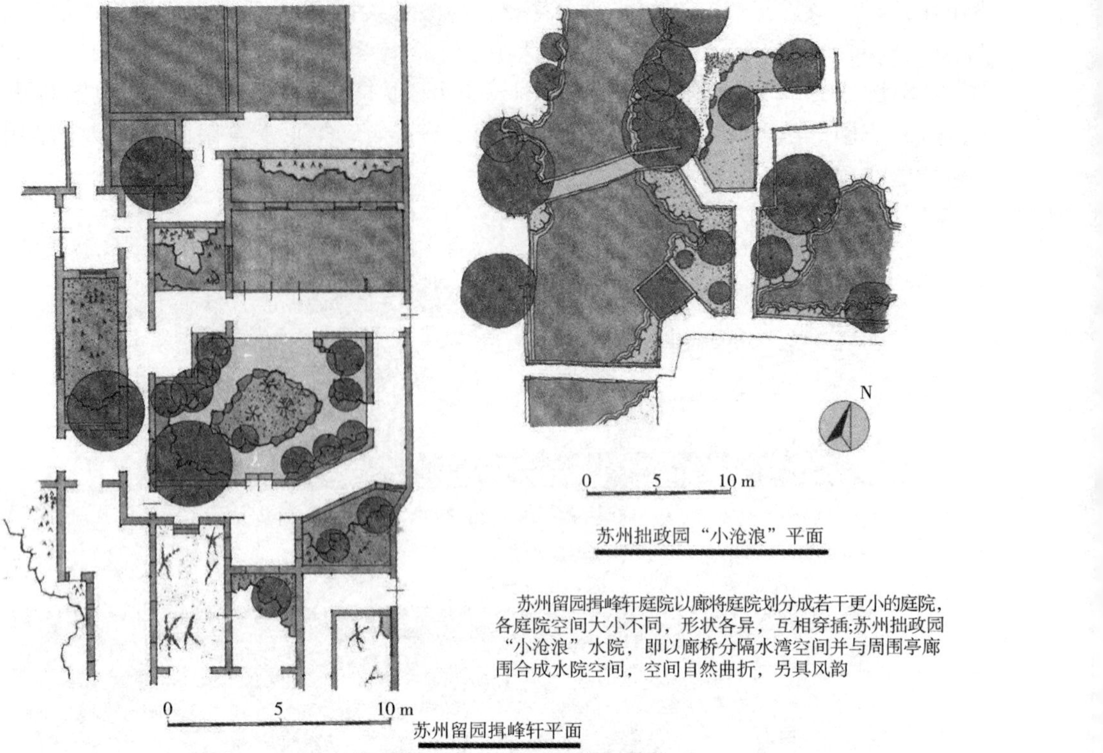

图 3-30　廊的通透性之二(卢仁《园林建筑》)

(三)引导空间

廊,通常布置在园林建筑单体或观赏点之间,是空间联系的一种重要手段,起到通道的作用。人们依廊而行,既可避日晒雨淋,又可休憩赏景。尤其是赏景,由于长廊能够曲折错落,且通透开敞,易于和廊外空间结合,列柱、挂落构成框景,从而将园内景色空间组织在连续的时间序列中,使景色更富有时空的变化,达到步移景异之效,对风景的展开和观赏路线的组织起着重要作用。同时,虚实结合的建筑结构还可以产生一种半明半暗、半室内半室外的效果,在心理上给人一种空间过渡的感受。

(四)展览功能

廊,具有系列长度的特点,能够适合一些展出的要求。古代常在廊的一面墙上展出书法、字画、石刻等,现代园林除此之外,还经常在廊的一面墙上开设橱窗展出工艺、雕塑、科普、模型等,也可用花格博古架形式展出花卉盆景等装饰品,形式多样,颇受游人欢迎。

三、廊的分类

如果从廊的剖面分析,大致可分为双面空廊、单面空廊、复廊、暖廊、单支柱廊等五种形式。其中,双面空廊是最基本的形式(见图 3-31);将双面空廊一侧的列柱砌成实墙或半空实墙,就成为单面空廊,完全贴在墙体或建筑边沿的廊也属于这种类型,只是有时将屋顶做成单坡的形式,以利于排水(见图 3-32);双面空廊的中间夹一道墙,就形成复廊的形式,因为在廊内分成了两条走道,所以廊的跨度一般要宽一些(见图 3-33);暖廊和单支柱廊的剖面见图 3-34。

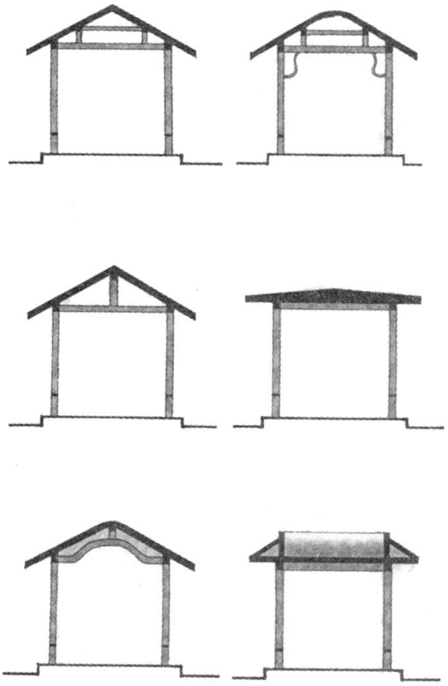

(b)苏州拙政园曲廊

(a)双面空廊剖面

(c)南京玄武湖直廊

图 3-31　双面空廊(卢仁《园林建筑》)

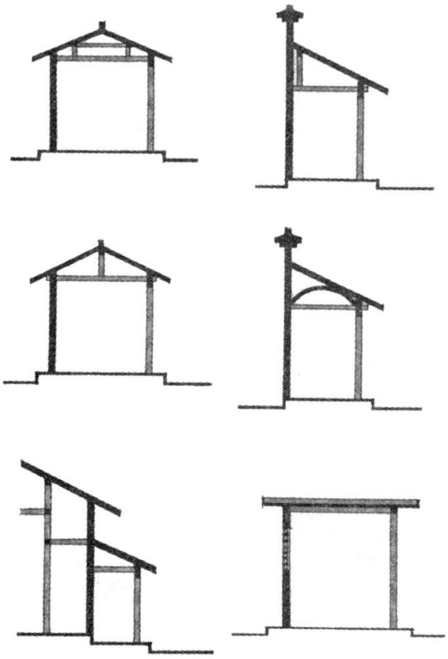

(b)广州兰圃单面空廊

(a)单面空廊剖面

(c)苏州拙政园“海棠春坞”单面空廊

图 3-32　单面空廊(卢仁《园林建筑》)

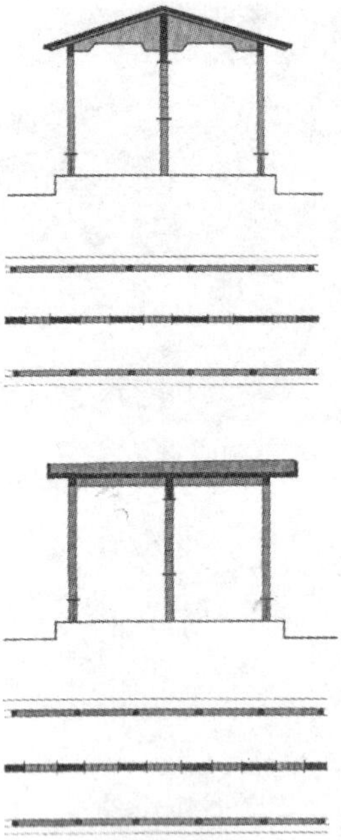

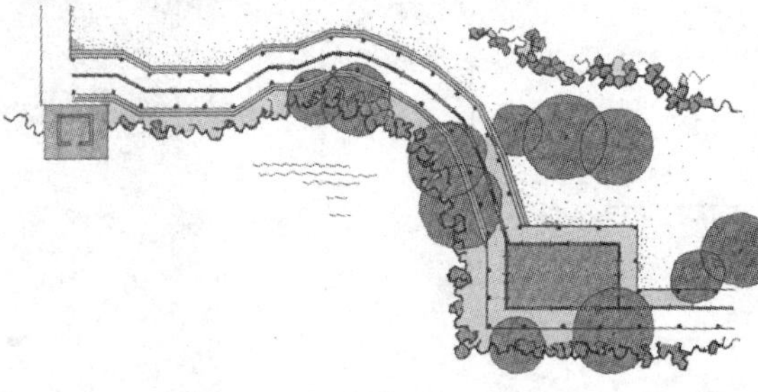

(b)苏州沧浪亭复廊平面

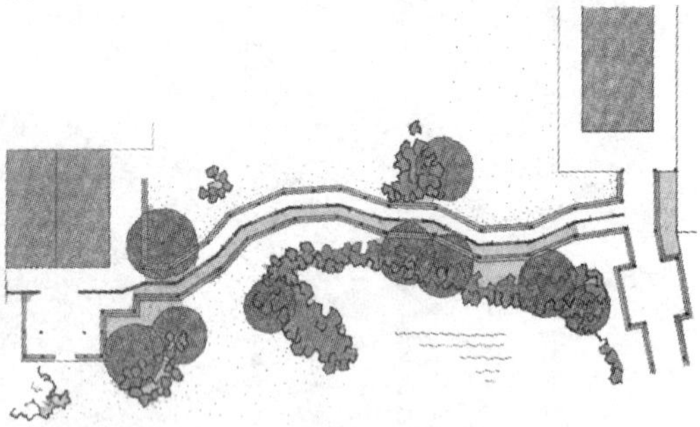

(a)复廊剖面　　(c)苏州怡园复廊平面

图 3-33　复廊(卢仁《园林建筑》)

北京北海暖廊

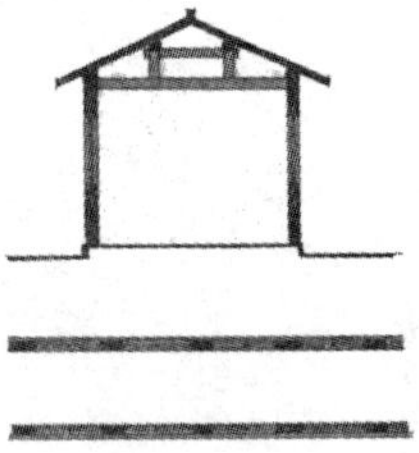

(a)暖廊剖面

西安兴庆公园某廊

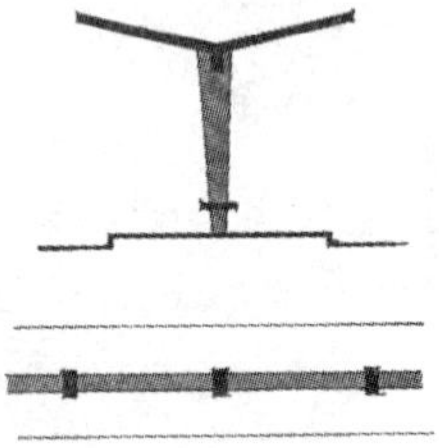

(b)单支柱廊剖面

图 3-34　暖廊和单支柱廊(卢仁《园林建筑》)

如果从廊的立面造型分析,古代多为坡屋顶廊,现代园林中的形式更为多样,平顶廊、褶板顶廊、拱顶廊等都比较常见(见图 3-35)。

如果从廊的平面造型分析,大致可分为直廊、弧形廊、曲廊、回廊、抄手廊等五种形式(见图 3-36)。

如果从廊与环境的结合分析,大致可分为爬山廊、跌落廊、水廊、桥廊、平地廊等五种形式(见图 3-37)。

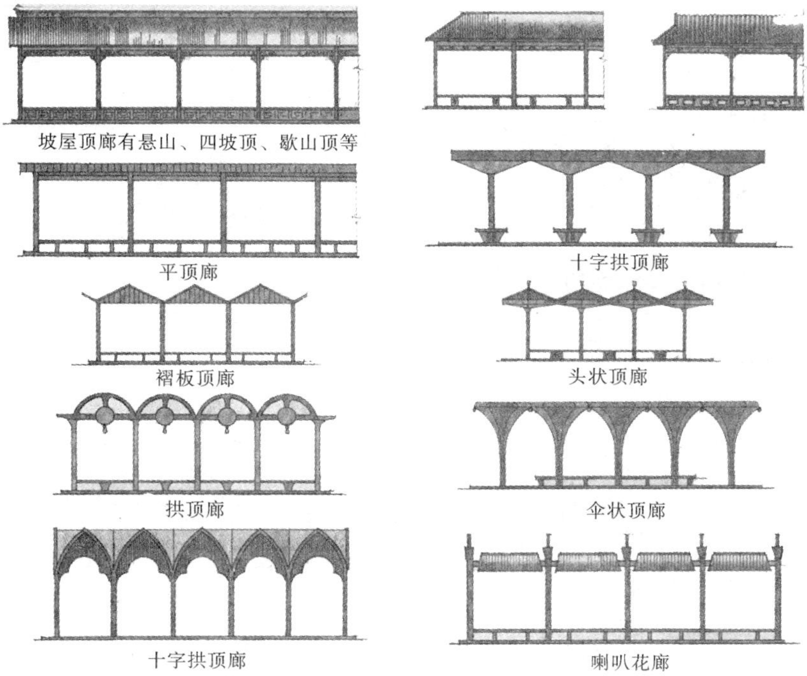

图 3-35　廊的立面造型的几种形式(卢仁《园林建筑》)

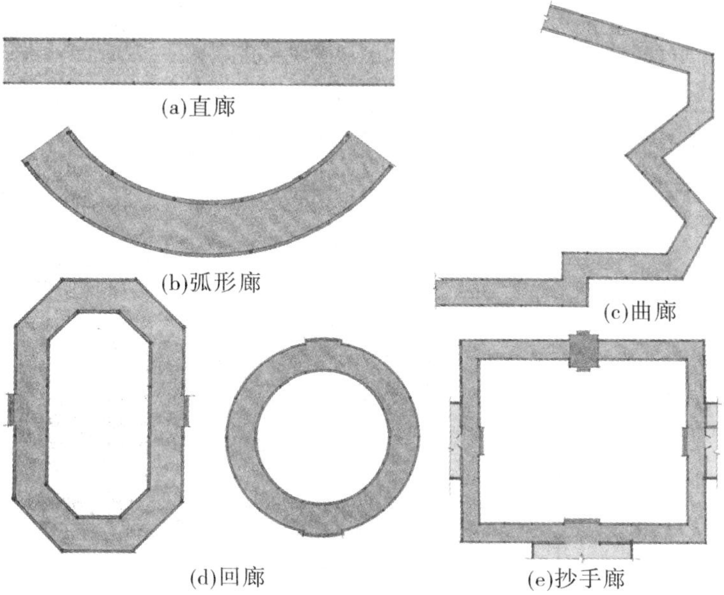

图 3-36　廊的平面造型的几种形式(卢仁《园林建筑》)

四、廊的设计要点

(一)造型的设计

1.分隔或围合空间,或障或漏手法很多

利用廊的曲折错落进行空间的分隔和围合,景观上能够增加空间层次,即使和墙面之

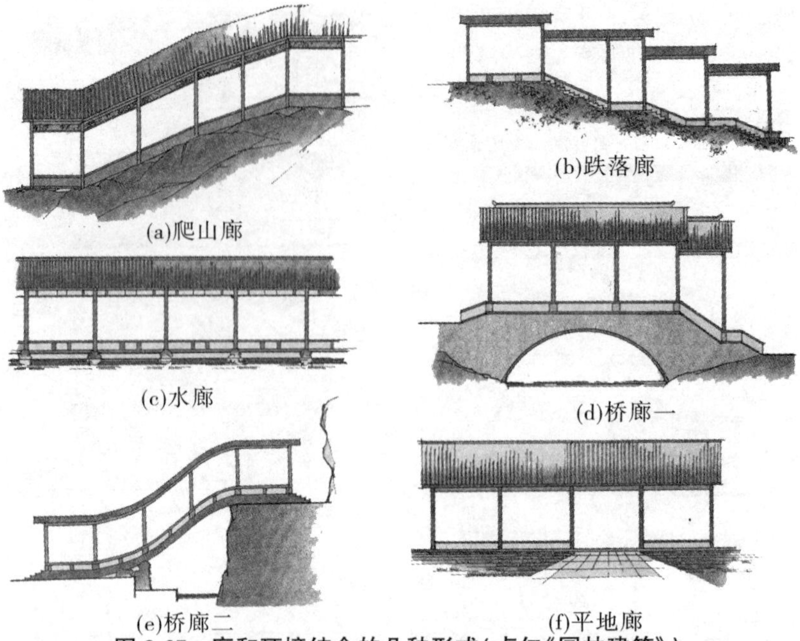

图 3-37　廊和环境结合的几种形式(卢仁《园林建筑》)

间也可以空出小天井,使尽端有不尽之感;功能上因地制宜,充分结合自然环境,从而创造各具特色的休憩空间。

2.出入口

廊的出入口是人流的集散要地,通常出现在廊的两端或中部某处,平面上应将其空间作适当的扩大以疏导人流和适应其他活动的需要(见图 3-38)。立面上也应作重点强调,以突出其美观效果(见图 3-39)。

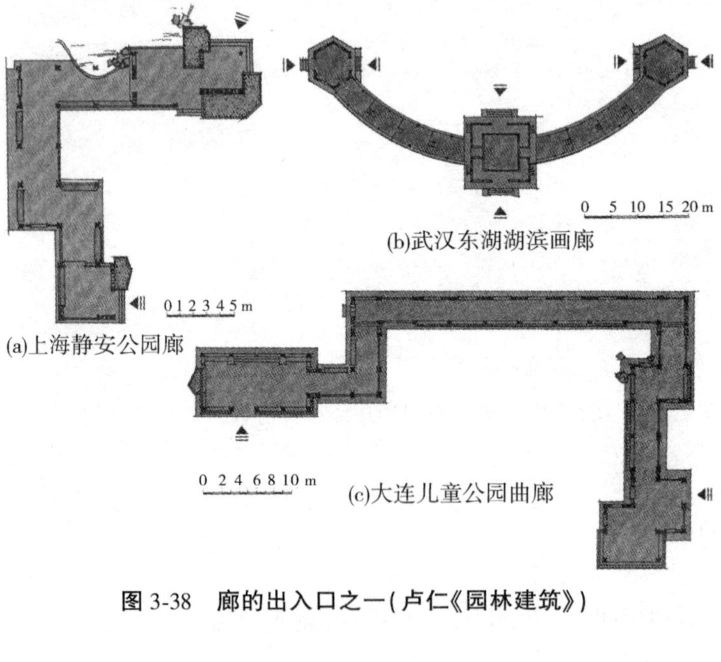

图 3-38　廊的出入口之一(卢仁《园林建筑》)

(a)上海静安公园某廊出入口(一)

(b)上海静安公园某廊出入口(二)

(c)上海长风公园某廊出入口(一)

(d)上海长风公园某廊出入口(二)

图 3-39　廊的出入口之二(卢仁《园林建筑》)

3.内部空间处理

廊的内部空间设计是造型设计方面的重要内容。过于狭长的直廊易感单调,多折的曲廊较易产生层次的变化。此外,在廊内的适当位置作横向隔断,不仅隔断自身具有观赏价值,同时可以增加廊内的空间层次和深远感;廊内设月洞门、花格、漏窗,将植物种植在廊内,局部地面上升等设计手法也同样可以达到异曲同工之妙(见图 3-40)。

(a)广州白云山某廊的内部植物种植,使空间丰富,更赋自然色彩

(b)广州白云山山庄某廊将廊内地面分段提高,以丰富空间变化,并种植植物

(c)广州某园曲廊,廊内以横向洞口作隔断,增加空间层次

(c)广州动物园曲廊,内部设置景物,并将廊宽度顺曲势增减,以求空间上丰富的变化

图 3-40　廊的内部空间处理(卢仁《园林建筑》)

4.立面造型

园林中常见的亭廊组合或廊榭组合的形式,是丰富廊的立面造型的常用手法,设计时要注意建筑组合的完整性和主要观赏面的景观透视效果,使建筑组合具有统一的风格(见图 3-41)。除这种形式外,丰富廊的立面造型的设计手法还有很多,见图 3-42。

(a)杭州植物园亭、榭、花架组合

(b)桂林芦笛岩水边亭廊组合

(c)北京陶然亭公园亭廊组合

(d)南昌八一公园亭廊组合

图 3-41　亭廊组合(卢仁《园林建筑》)

图 3-42　廊的立面造型

5.细部装饰

园林建筑的细部装饰是与功能结构密切结合的,廊当然也不例外。檐枋下有挂落,古代多用木做,雕刻精细;现代多取样简洁,廊的下部有坐凳栏杆,既能休息防护,又能与上面的挂落呼应构成框景。单面空廊,墙上应尽可能开些漏窗花格,有取景、采光之效(见

图 3-43),有的为了晚间采光还可以做成灯窗。

图 3-43　廊的墙面装饰

(二)不同类型廊的设计

1.双面空廊

将建筑单体按一定的设计意图连接起来的直廊、曲廊、回廊等多采用双面空廊的形式,廊两边都要有景可观,且特征应有所不同。如苏州留园中部西北两面的折廊(见图 3-44),是一种用“占边”手法设计得非常巧妙的双面空廊,起于水际(涵碧山房),结于

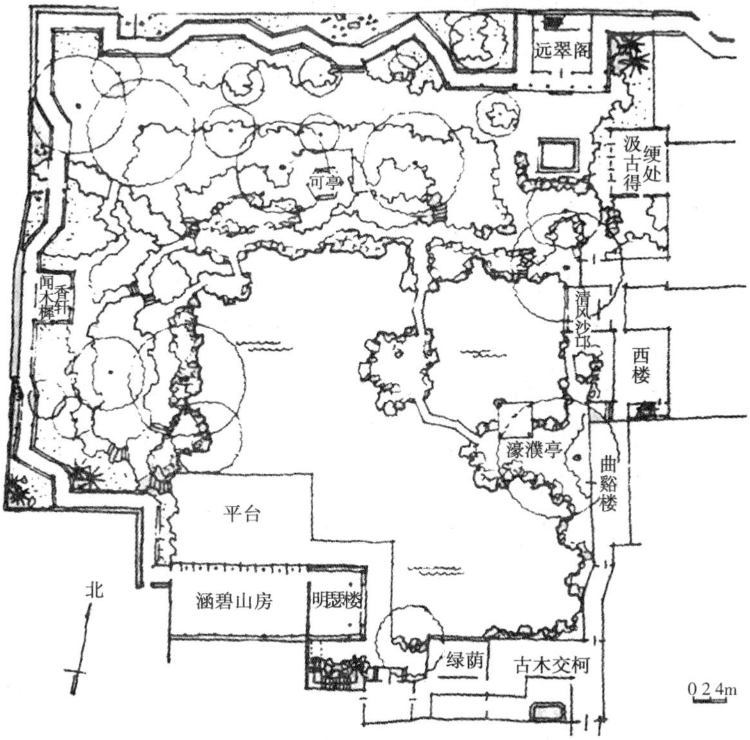

图 3-44　苏州留园的折廊(杜汝俭《园林建筑设计》)

山巅(远翠阁),视山势之高低环境之需要,高高低低,曲曲折折。人们沿廊前进时,随着廊子的转折而不断变幻着观赏角度,步移景异,登上廊中部的制高点“闻木樨香轩”,便可纵观中部园林的整个景色。廊子虽然主要面向中央的山池,但另一面的小空间也有景可观,除三处紧贴外墙外其余皆脱空布置,空出一些小空间,置以叠石、花木,在白墙的衬托下犹如一幅幅中国水墨画,清新、素雅。

2.单面空廊

单面空廊的一边为空廊,面向主要景色,另一边沿墙或附属于其他建筑物,形成半封闭的效果。相邻空间需要完全隔离,则以实墙处理;宜添加次要景色,则可通过空窗、漏窗、格栅、花格、门洞等,隔中有透。有时虽几竿修竹,数叶芭蕉,二三石笋,得作衬景,亦是饶有风趣。如广州兰圃内,位于第一兰圃和第二兰圃之间加建了一段五开间的单面空廊(见图3-45)。廊子靠近公园的东围墙,一方面把两个兰圃在交通上联系起来,另一方面在廊子的开敞方向与兰圃一起围成了一个“之”字形空间,开阔的草地上点缀花木,草地的尽头是观鱼池和凌驾于池面的水榭。而在廊的墙面上,开着几个较大的空窗,在廊与围墙之间种上茂密的竹丛,并衬以景石作为空窗的对景和主景相呼应。

透视图

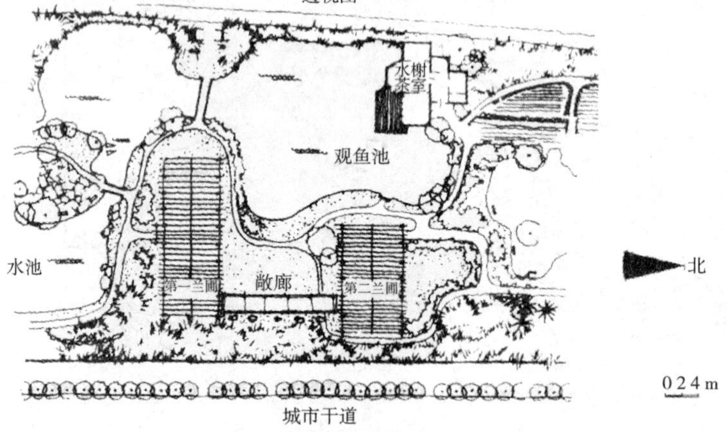

平面图

图 3-45 广州兰圃的单面空廊(杜汝俭《园林建筑设计》)

3.复廊

复廊是在双面空廊的中间隔一道墙,形成两侧单面空廊的形式,中间墙上有各式各样的漏窗,从廊的一边透过漏窗可以看到另一边的景色,层次感最强。复廊一般安排在廊的两边都有景物而特征各有不同的地方,从而把两个不同景色的空间联系起来,尺度与一般的廊相比,相对较大。如苏州沧浪亭东北面的复廊就很有名(见图3-46)。它妙在借景,沧浪亭本身无水,但北部园外有河有池,因此在总体布局时就把建筑物尽可能地移向南部,北部则顺着弯曲的河岸修建空透的复廊,以假山砌筑河岸,使山、水、建筑结合得非常紧密。这样处理,游人还未进园,已有"身在园外,仿佛已在园中"之感。进园后漫步于廊中,行于临水一侧可观水景,仿佛河池仍是园子不可分割的一部分,透过漏窗,园内的苍翠古木隐约可见;反之,水景也可从漏窗透至南面的廊中。通过复廊,将园外的水和园内的山相互因借,联成一气,手法甚妙。

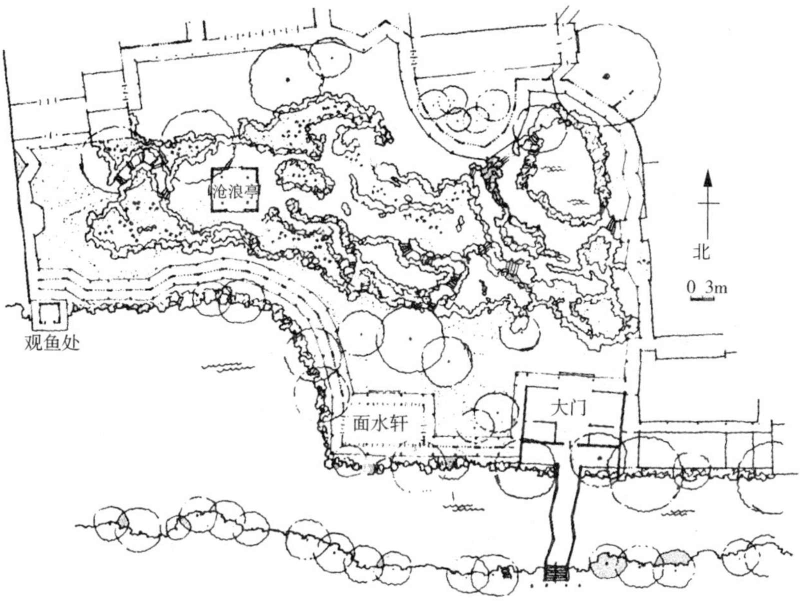

图3-46　苏州沧浪亭的复廊(杜汝俭《园林建筑设计》)

(三)位置经营

园林建廊与地形密切相关,由于廊的单元"间"的自由组合,不论在广阔的平地还是在起伏的山丘,乃至河池水体,均可因地制宜。正如《园冶》中描述:"可曲可直……随形而弯,依势而曲,或蟠山腰或穷水际,通花渡壑,蜿蜒无际。"

1.平地建廊

在古典园林中,常见的平地建廊的形式有两种。一种是在园林的小空间或小型园林中建廊,沿界墙或建筑物以"占边"的形式布置,形制上一面、二面、三面、四面均可,在廊、墙、房等围绕起来的庭园中造景,易于形成四面环绕的向心布局,以争取中心庭园的较大空间。如苏州王洗马巷万宅庭园(见图3-47),为客厅与书房的后花园,园内东部沿外墙叠砌假山,假山东北角建六角小亭,南部建方亭,彼此呼应。园子西北角绕以回廊,穿过书房紧贴南墙成斜道与方亭相接,和东部假山一起围合了庭园空间,书房三面突出于庭园之中,后面空出的小院使书斋显得格外幽静。另一种是沿园的外墙布置环路式的游廊。这种游廊除不使游人遭受日晒雨淋外,还能打破高而实的外墙墙面的单调感,增加景观的层次和空间的纵深。

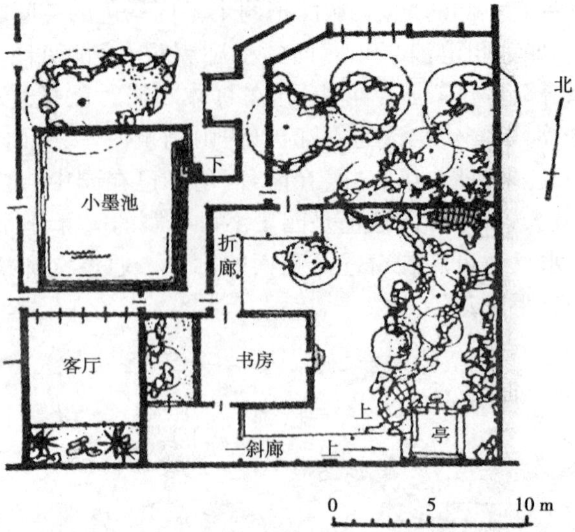

图 3-47　苏州王冼马巷万宅庭园(杜汝俭《园林建筑设计》)

在现代园林中,平地建廊的主要着眼点在于利用廊子围合、组织空间(见图 3-48);同时,也可以作为动观的导游路线,连接于建筑单体或景点之间,并于廊内设置坐凳,为人们提供休憩场所。设计时,廊子平面的曲折变化应视两侧的景观效果和功能要求确定,随形而曲,自由变化,既能保证面向主要景物,又争取创造休憩的小空间。

杭州动物园候车廊：位于道路边，平面弧形，廊首尾作重点装饰，并强调虚实对比

北京中山公园曲廊：位于中山公园入口区平地，廊在平地蜿蜒，造型为典型北方古典廊造型，色彩鲜艳

广州白云山山北区曲廊：位于草地一侧，平面曲折，立面上强调虚实对比，屋顶形式采用坡顶与平顶结合，尾檐作筒瓦装饰

图 3-48　平地建廊(卢仁《园林建筑》)

2.水边或水上建廊

水边或水上建廊,一般称为水廊,供游人欣赏水景、休憩乘凉及连接水上建筑之用,形

成以水景为主的空间(见图3-49)。位于水边的水廊,水体的驳岸正好作为廊基,尽可能紧接水面。廊的平面也应大体紧贴岸边,尽可能与水接近,在水岸曲折自然的情况下,廊也应沿着水边,顺自然之势与环境相融。若能部分挑入水面,则临水景观效果更好。如苏州拙政园西部那段有名的波形廊,连接了“别有洞天”入口与“倒影楼”和“三十六鸳鸯馆”两幢建筑物,成L形布局,高低曲折,翼然水上。中间一处三面凌空突出于水池之中,紧贴水面漂浮着,有一种轻盈跳跃的动感。为使廊子显得轻快、自由,除注意使尺度较小外,还应特别注意廊下的支承处理,选用天然的湖石作为支点,以增加廊漂浮于水面的感觉。

苏州拙政园大水廊:紧贴界墙,蜿蜒曲折与界墙构成小天井以丰富景物布局,廊地面时高时低,似水波起伏,称为波形廊,与水面波浪呼应,别具风韵,为水边廊佳例

苏州拙政园“小飞虹”桥廊是水面廊的一种特例,可跨越水面分隔空间、增加水面景色层次

广州荔枝湾水廊,廊紧贴水面,伸向水体,与水厅相接,平面弧形,与近岸形状统一协调,造型开朗、轻巧

图3-49　水边或水上建廊(卢仁《园林建筑》)

凌驾水面之上的水廊,以露出水面的石台或石墩为基,廊基同样宜低不宜高,最好廊的底板尽可能贴近水面,并使两边水面经过廊下相互贯通。人们漫步水廊之上,左右环顾,宛如置身水面,别有风趣。如广州泮溪酒家在荔湾湖上建的一段水廊(见图3-49),仿佛一条扁扁的水平链带漂浮于水面,端点以水榭结束,从东岸望去,颇有动态。

桥廊是水廊的一种,供休息游览,能在水中形成倒影,别有风韵,分隔水面似水面长虹,景观效果更佳。如苏州拙政园的“小飞虹”(见图3-49),形态纤巧优美,北部是香洲前面的大水面,南部是小沧浪前面的小水庭,前后都有折廊相连,可到达远香堂和玉兰堂等景点,在划分空间层次、组织游览路线上起着重要作用。

3.山地建廊

山地建廊,功能上将山地不同高程的建筑用廊连接成通道以避雨防滑,景观上也可借以丰富山地建筑的空间构图。廊子依山势蜿蜒曲折而上,地形坡度大者,梁柱间不能保持直角正交,屋顶成斜坡式,称为爬山廊(见图3-50)。如北海濠濮涧一处(见图3-51),山石环绕,树木茂密,环境清幽,以爬山廊连接了四座屋宇,呈曲尺状布局。廊子从起到落,跨越起伏的山丘,结束于临池的水榭,手法自然,富于变化。

传统园林十分注意顺应自然,随高就低地安排建筑,并用一种起伏自如的“爬山廊”把各单体建筑连接在一起,从而形成极富参差错落变化的建筑群

此外,在园林建筑中还有一种别具一格的廊——跌落游廊,这种廊不仅可以连接高、低两处的建筑,而且其外形还具有独特的韵律美,有不少园林建筑均因运用跌落游廊从而获得优美动人的外轮廓线

1.颐和园云松巢,西部院落前低后高较规整,东部以爬山廊连接方亭、建筑,随地形变化逐步升高,整个建筑群高低错落,前后层次分明

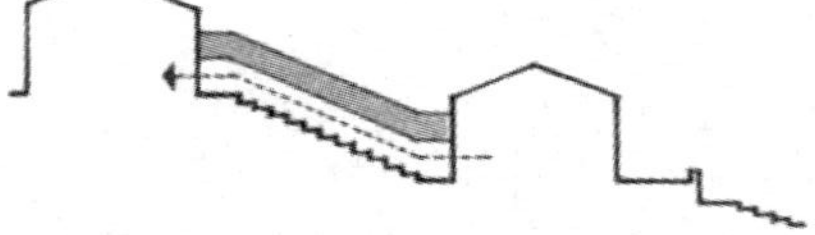

2.为顺应地形,随高就低,园林建筑常利用爬山廊来连接地处高低不同的建筑

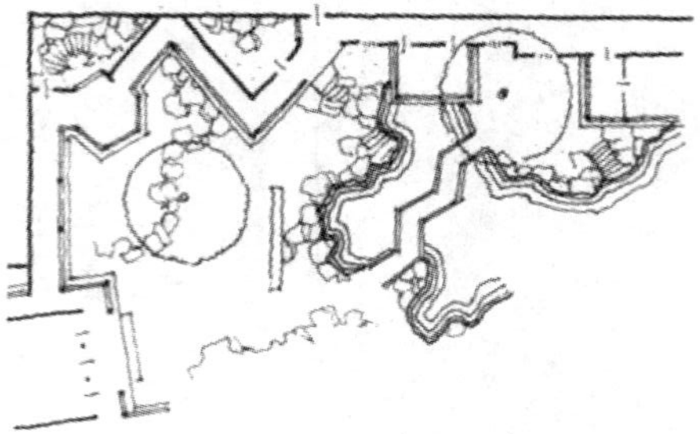

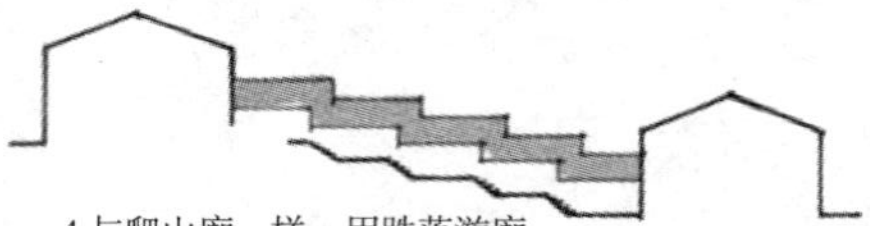

4.与爬山廊一样,用跌落游廊也能连接地处高低不同的建筑

5.北海琼华岛某园林小景,以跌落游廊连接建筑并形成小院,外轮廓线曲折而富有韵律美

3.苏州畅园,为一宅旁园,规模极小,西南一隅以人工方法堆叠山石,并于其上建一六角亭,用曲廊与其他建筑相连。因其地势最高,故名之为待月亭

图3-50　山地建廊(卢仁《园林建筑》)

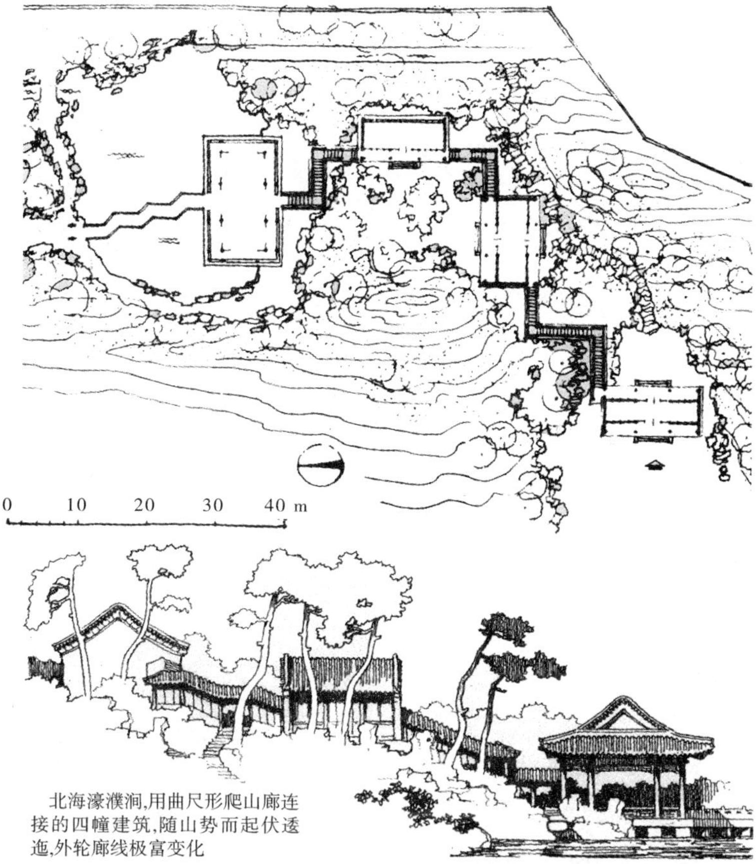

图 3-51　北海濠濮涧的爬山廊(卢仁《园林建筑》,杜汝俭《园林建筑设计》)

坡度不是很大者,屋顶既可成斜坡式,也可分段建成高低廊的形式,每间的屋顶以直角相接,称为跌落廊(见图 3-50)。如无锡市锡惠公园的一条跌落廊(见图 3-52),名曰“垂虹”,长 32 m,廊身随地形逐级上升,廊顶也随廊身渐陡而处理成层层跌落的阶梯和曲线相结合的形式,阶梯有长有短,有高有低,自由活泼富有节奏感。游廊在交通上连接了“天下第二泉”和“锡麓书堂”,在组景上处于山麓上下两个景区空间的交界位置,空透、绵延、精巧的廊身贯连了前后不同的空间景色,既增添了层次,更衬托了惠山的雄姿。

五、廊的结构和材料

(一)一般的结构要求

廊一般由基础、廊基、柱与墙、屋顶、装饰与坐凳等部件组成。各部件因廊的类型不同可存在较大的差异。

廊的开间一般不会很大,宜在 3 000 mm 左右,进深以适应游人截面流量及是否设置坐凳而定(见图 3-53)。廊的檐口高度一般为 2 300~2 800 mm,若地平标高有起伏,檐口也要作相应的高低起落处理。廊柱的直径根据柱高确定,不应小于柱高的 1/20。例如,当柱高为 2 500~3 000 mm,柱距为 3 000 mm 时,则一般圆柱的直径不小于 150 mm,方柱的截面控制在 150 mm×150 mm~250 mm×250 mm, 长方柱截面的长边不宜大于

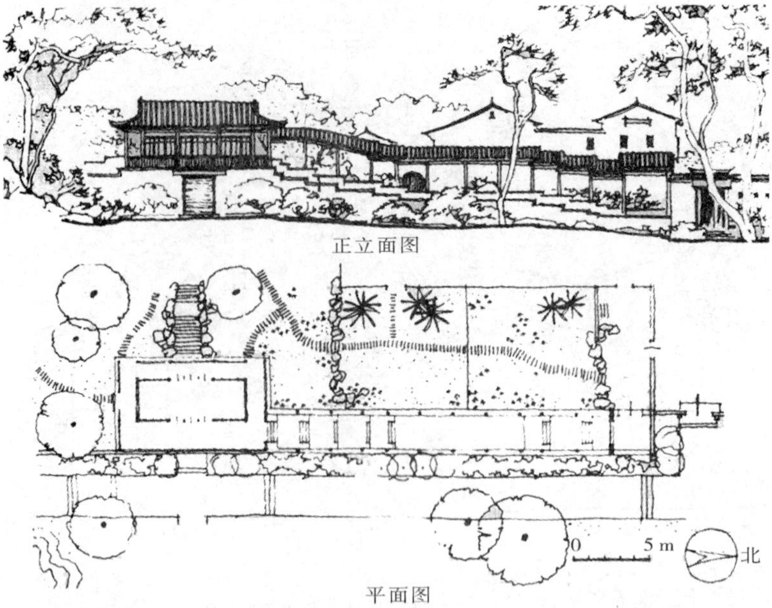

图 3-52　无锡市锡惠公园的“垂虹”跌落廊（杜汝俭《园林建筑设计》）

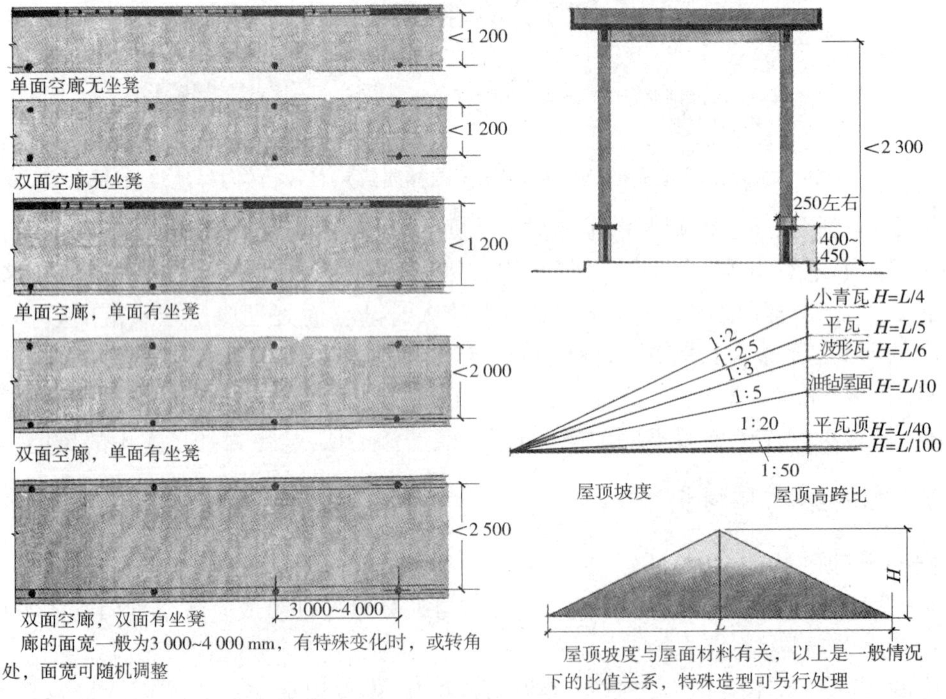

图 3-53　廊的基本尺寸（卢仁《园林建筑》）

300 mm。廊的墙可为承重墙或作柱间的非承重分隔墙。墙体可增强廊的水平抗风抗剪能力，保证廊的水平稳定性。屋顶自重较大的廊柱，可安置于柱基础石上，并砌筑部分柱间墙，以增强稳定性。

廊内的地坪要作铺装处理,铺装的构造方法同一般的室内地面,或采用园路面层的构造方法。如果廊的内、外地坪有高差,则必须设置相应的踏步或坡道。

廊一般不作吊顶设置,直接在廊顶下部作抹灰、涂料等简单的装饰处理。在屋顶下部、柱间的上部,有时设置挂落作为装饰。廊中的坐凳,一般设置于柱间,高为 400~450 mm,宽为 350~400 mm。

(二)常用的构造材料

廊的类型多样,随着造型的日益丰富,结构和用材也有了较大的区别。古代廊通常为木构造,在现代园林中,廊的最常见的构造材料有钢筋混凝土结构、竹木结构、金属结构(见图 3-54~图 3-56)等几种。此外,利用新的高强钢材和软塑料防水材料可做成悬索、钢架网等结构的造型。因为廊只有防雨而没有保温要求,这给利用塑料做顶以方便,因此可以用塑料的弯曲自由而做成各式新颖美观的造型。

图 3-54　廊的常见构造材料——钢筋混凝土结构(勉强为廊)

图 3-55　廊的常见构造材料——竹木结构

图 3-56　廊的常见构造材料——金属结构

仿古廊的挂落多为松木制成，现代造型的廊的挂落也有钢筋混凝土制件、铝合金管件、塑料形材料 。挂落的表面应作表面涂料装饰处理。坐凳的面料一般使用水泥砂浆抹灰、木板、石板、塑料等，并做相应的面层涂料。

六、案例分析

（一）南宁市人民公园圆廊

南宁市人民公园在湖心岛上建了一座圆形的双面空廊（见图 3-57），东、西、南三面分别突出一跨作为出入口，或为敞厅或为亭，正北面则突出去做了一个面积稍大的双层方亭。廊的东、南两面分别有平折桥和三孔拱桥与彼岸相连。选址上，廊建在湖心岛的中央，一方面作为岛的主体景物，在景观上丰富并装饰了湖心岛；另一方面在岛四周临湖树木的掩映下，廊显得更加生动活泼。造型上，圆形平面自由流畅，立面丰富有变化，四个出入口从造型到细部处理各有特色。色彩上，洁白色的廊亮而不艳，引人注意，使小岛显得愈发宁静。功能上，满足了人们的亲水性；节假日时，亭子作为舞台，人们可围坐在廊内及中央草坪上观看节目，更是极大地丰富了小岛的游赏内容；交通上，充分发挥了组织游人由湖心岛通往各个方向彼岸的重要作用。

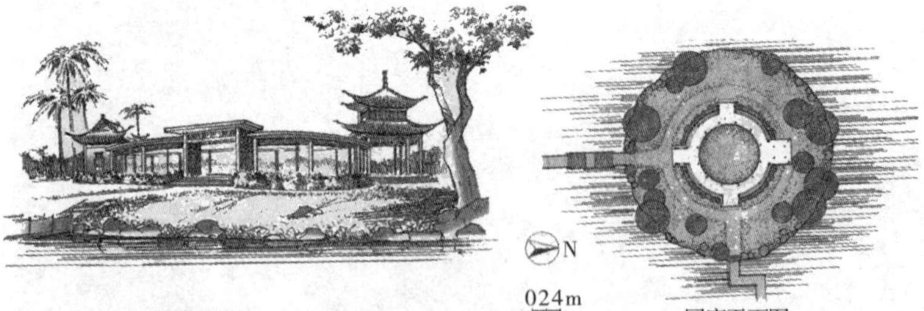

圆廊效果图　　圆廊平面图

图 3-57　南宁市人民公园圆廊（卢仁《园林建筑》）

（二）上海市西郊公园金鱼廊

上海市西郊公园金鱼廊采用单面空廊的形式（见图 3-58），廊子呈半圆形，开敞的一面环抱着一个水池，山石、喷泉点缀其中；另一侧布置三个口袋形的展室，展室的墙面上依次安排玻璃展窗。廊的入口围合成小天井，其中布置一个大盆景，临湖一侧以宽敞的平台伸向湖面，结束处设计一个独立支柱的伞亭，边缘用金属条片做成金鱼装饰。整座建筑平面通畅，富于变化，立面新颖活泼，亲切自然，整体与环境结合十分紧密，细部处理也很精致。功能上，充分发挥了廊的展览功能，并通过平面对周围环境的分隔和围合，设计出各具特色的小空间，极大地提升了整个环境的观赏性和可游性。

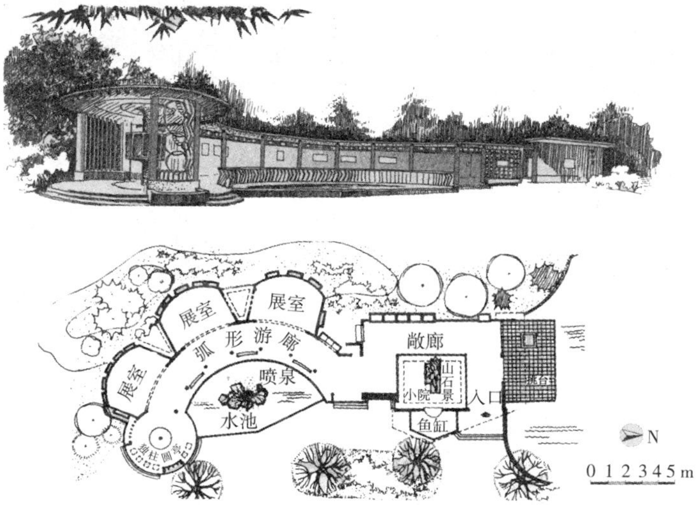

图 3-58　上海市西郊公园金鱼廊(卢仁《园林建筑》，杜汝俭《园林建筑设计》)

(三)北京市双秀公园曲廊

北京市双秀公园曲廊建于公园一隅的平地处(见图 3-59)，平面作曲尺形，东廊以石墙分隔，围合成封闭性的内院空间，在院内设三个水池，高低不等，石墙上设壁泉，水流喷涌入池，构成突出的壁泉水景，使曲廊大为增色。立面采用传统悬山顶及盝顶，构图协调。钢筋混凝土结构，唯屋顶缺少装饰，有简陋之感。

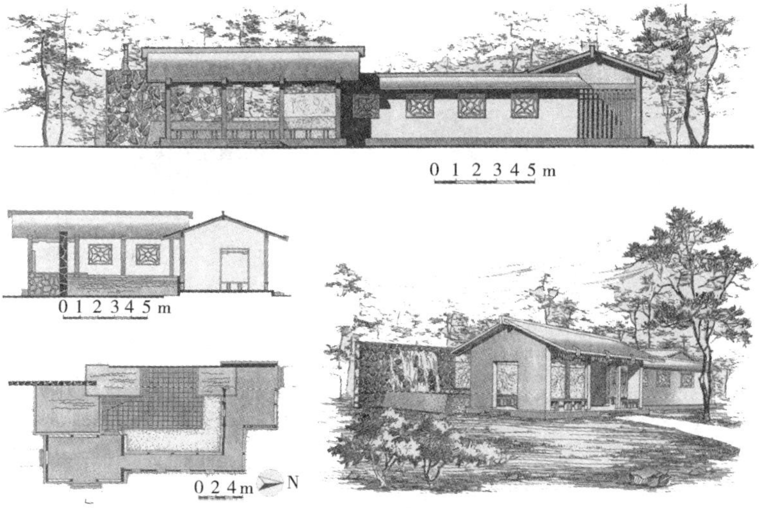

图 3-59　北京市双秀公园曲廊(卢仁《园林建筑》)

(四)上海市复兴花园荷花廊

上海市复兴花园荷花廊建于水池岸边(见图 3-60、图 3-61),大部分临水而建。平面曲折,凹曲处形成小院,以丰富空间变化;立面采用平屋顶,形式活泼。尤其出入口,空间和细部装饰上富于变化。唯水面较小,廊的体量较大,比例欠协调。

图 3-60　上海市复兴花园荷花廊(一)(卢仁《园林建筑》)

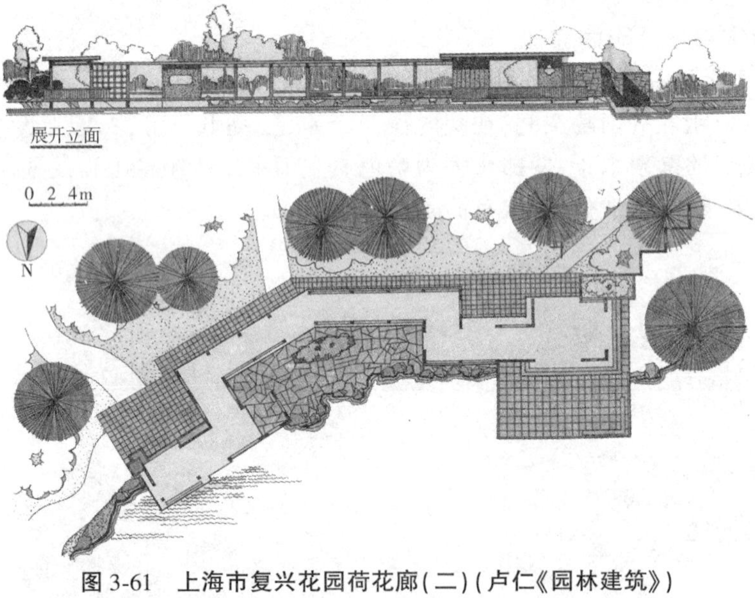

图 3-61　上海市复兴花园荷花廊(二)(卢仁《园林建筑》)

(五)常州市红梅公园长廊

常州市红梅公园长廊建于水池岸边(见图 3-62),曲折处漂浮水面围成水院,空间活泼。立面采用传统形式,高低错落,构图均匀,以大波瓦作为坡屋面,颇具新意。唯设亭太多。

图 3-62　常州市红梅公园长廊(卢仁《园林建筑》)

(六)马鞍山市雨山公园长廊

马鞍山市雨山公园长廊面向广阔的湖面而建(见图 3-63),是观赏景色的极好去处。拾级登上二层平台,整个湖面景色尽收眼底。长廊平面曲折,布置了较多的坐凳,能够满足较多游人的休憩要求。

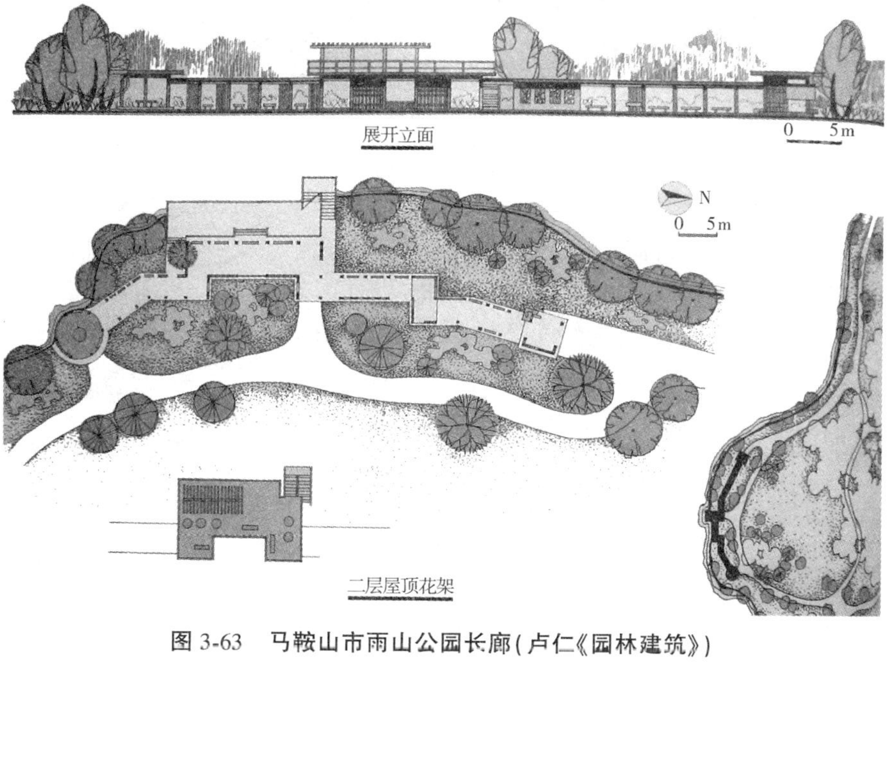

图 3-63　马鞍山市雨山公园长廊(卢仁《园林建筑》)

第三节　花　架

一、花架的含义

花架是指用各种材料构成一定形状的格架，供攀缘植物攀附的一类园林设施，又称棚架、绿廊。花架虽然在古代也应用较多，但更是一种极富现代气息的园林建筑类型。其最大的特点是与植物的结合甚为紧密，因而与自然环境更易协调。

二、花架的功能

花架可应用于各种类型的园林绿地中，往往具有亭、廊的作用。作长线布置时，能够像游廊一样发挥脉络的功能，连接单体建筑，划分空间增加景深、形成导游路线等(见图3-64)；作点状布置时候，能够像亭子一般，形成观赏点，并组织对周围景色的观赏(见图3-65)。

图3-64　紫藤花架

花架又区别于亭、廊，它的空间更为通透，尤其植物独特的造景功能和物候变化为花架别添一番生机，遮阴效果也更加明显，休憩更加舒适；同时，花架也是攀缘植物常见的支撑物，为攀缘植物的生长创造了条件。因此，设计中常有亭、廊、花架相结合的形式，以使之更加活泼和具有园林的性格。

图3-65　木香花架

三、花架的分类

花架从造型上大致可分为廊架式、单片式、独立式、组合式等四种类型，其中每种类型的造型仍然是非常灵活和富于变化的。

(一)廊架式花架

廊架式花架是最常见的形式。这种花架先立柱，再沿柱子排列的方向布置梁,在两排梁上垂直于列柱的方向架设间距较小的枋,两端可向外挑出。有平架、球面架、拱形架、坡屋架、折形架等(见图3-66~图3-68)。其中,圆形花架的枋是从中心向外辐射,形式舒展新颖,别具风韵。

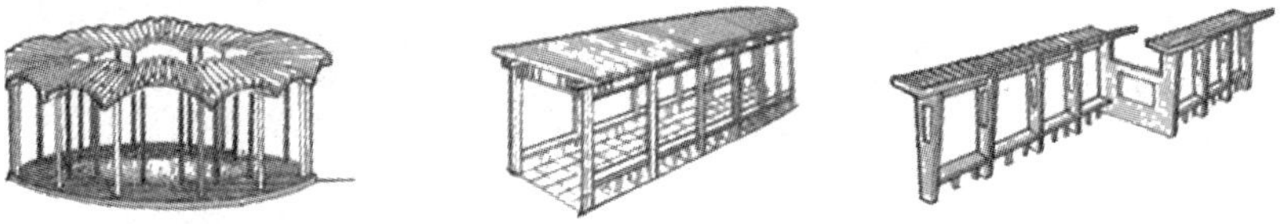

北京中山公园花架

广东肇庆星湖公园花架

桂林七星岩公园花架

北京陶然亭公园花架

图3-66　廊架式花架(一)(卢仁《园林建筑》)

图3-67　廊架式花架(二)

图3-68　廊架式花架(三)

还有两种形式也属于廊架式花架。一种形式是半边列柱半边墙垣(见图3-69),它在划分封闭或开敞的空间时更加自如,造园趣味类似于单面空廊,墙上亦可以开设景窗使意境更为含蓄。另外一种形式是单排柱花架(见图3-70、图3-71),仍然保持廊的特征,在组织空间和疏导人流方面具有同样的作用,但在造型上更加轻盈。

图 3-69　廊架式花架(四)

图 3-70　廊架式花架(五)

图 3-71　廊架式花架(六)

(二)单片式花架

单片式花架是将隔板镶嵌于单列梁柱上作为攀缘植物的支架,可制成预制单元,高度根据植物而定,比较灵活(见图 3-72)。造型轻盈活泼,非常美观,现代感极强(见图 3-73、图 3-74)。

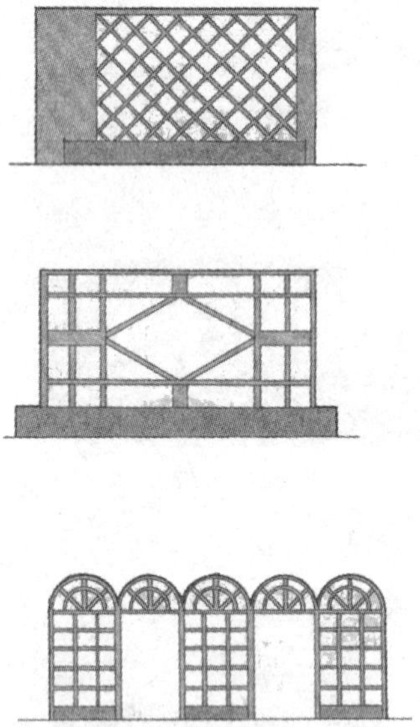

南京药物园：利用单片式花架围隔空间

广州某宾馆屋顶花园：设以轻巧的单片式花架美化环境

图 3-72　单片式花架(一)(卢仁《园林建筑》)

图 3-73　单片式花架(二)

图 3-74　单片式花架(三)

(三)独立式花架

独立式花架也是现代园林常见的一种装饰性极强的花架形式(见图3-75～图3-77)。以各种材料做成墙垣、花瓶、伞亭等形状,用藤本植物缠绕成型。其构图集中,造型和功能都类似于亭,最适于作独立景物设置。通常着重表现花架精美的造型和材质,因此攀缘植物不宜过多,可作为装饰和陪衬。

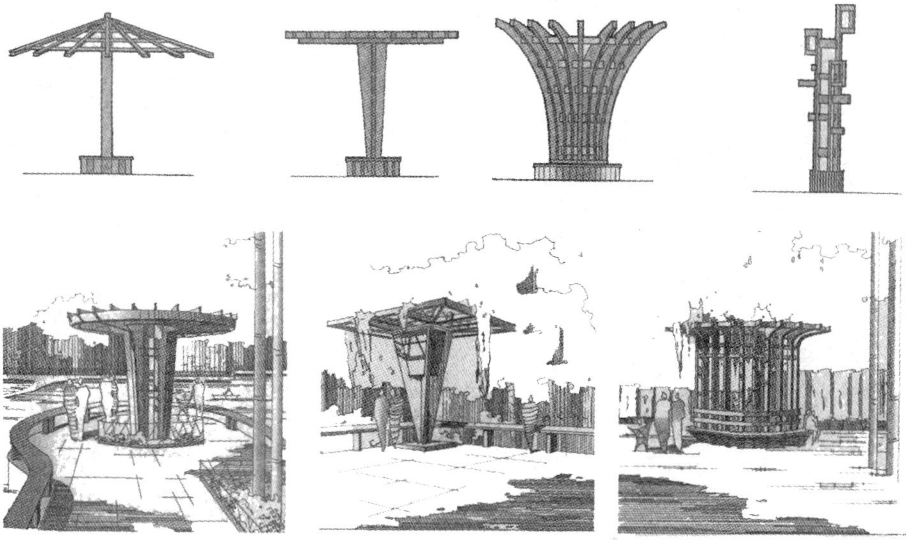

天津水上公园独立式花架　　广州白云山公园独立式花架　　杭州植物园独立式花架

图3-75　独立式花架(一)(卢仁《园林建筑》)

图3-76　独立式花架(二)

图3-77　独立式花架(三)

(四)组合式花架

花架可与亭、廊等有顶建筑组合,从而丰富造型,增强生态气息,并且为雨天使用提供活动场所(见图3-78～图3-80),也可将廊架式花架和独立式花架组合设计。

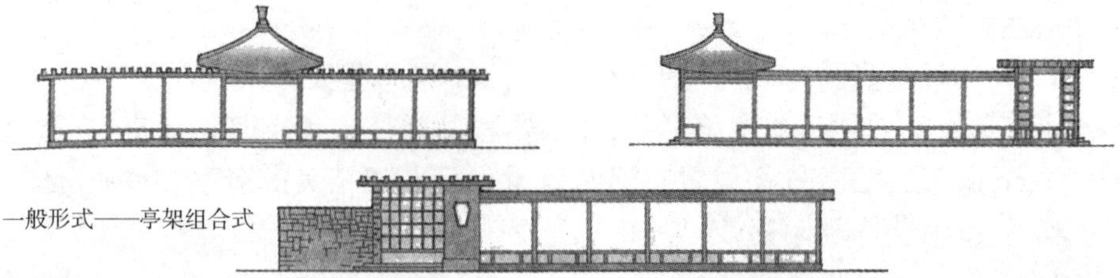

上海人民公园花架、亭、廊

上海南丹公园花架、亭、廊

广州越秀公园花架、亭、廊

合肥逍遥津公园花架、亭、廊

图 3-78　组合式花架(一)(卢仁《园林建筑》)

图 3-79　组合式花架(二)

图 3-80　组合式花架(三)

四、花架的设计要点

(一)要与植物合理搭配

花架是与植物结合最紧密的园林建筑类型,设计时必须充分考虑与植物的搭配。

图 3-81　某居民小区花架

首先,除少数纯粹展示建筑本身的雕塑型花架外,必须考虑种植池的设计,可放在花架内也可放在花架外,可与地面相平也可适当高置,要为植物生长创造良好的条件。在实际中,很多花架只见架子不见花,这都是不符合花架设计要求的,也不能为人们提供一个理想的休憩环境(见图 3-81、

图 3-82)。当然,后期也要加强养护,不能让植物影响人们的正常活动(见图 3-83)。

图 3-82　郑州东风渠花架

图 3-83　郑州东风渠单片式花架

其次,要注意选择适宜的植物种类,根据植株的体量、生长习性、观赏特征等设计花架整体的造型、色彩、材质及格栅的宽窄粗细等。同时,"花"和"架"要有一个主次关系,有重点、有衬托,景观效果才能够更加突出。

(二)要注意造型与环境的协调

花架的造型非常多样,现代园林中的应用也日益广泛,一定要注意与周围环境在风格上的统一。当然,也可通过材质和色彩的变化,起到画龙点睛的作用(见图 3-84)。同时,精美的花架设计必须注重细部,如布置坐凳供人小憩,墙面开设洞口、漏窗,柱子间嵌以挂落或格栅(见图 3-85、图 3-86),还能帮助植物的攀附,或在柱子或格栅上设计些空中栽植池,既美观又便于悬垂植物的种植,花架周围还可以点缀叠石小池等形成精致小景。

图 3-84　上海某公园花架

图 3-85　某公园花架

图 3-86　青岛中山公园花架

五、花架的结构和材料

花架的造型非常丰富,不像亭、廊有通常的构造组成和要求。下面从一般的体量尺度要求和几种常用材料的构造材料及构造方法这两个方面进行介绍。

(一)花架的体量尺度

花架的高度一般控制在 2 300~2 800 mm,以使其具有亲切感,常用尺寸为 2 300 mm、2 500 mm、2 700 mm。高度一般为地面至梁架底部之间的垂直高度。

廊架式花架的开间一般为 3 000~4 000 mm。进深根据花架的功能特点而定,单面设坐凳,人流量较少的,一般为 2 000~3 000 mm;双面设坐凳,或兼作大流量人行通道的,一般为 3 000~4 000 mm。

(二)常用的构造材料及构造方法

1.竹、木花架

竹、木花架的特点是朴实、自然、经济、易于加工,风雨中不磨伤植物(见图 3-87),但易腐朽,耐久性差,植物长成了,架子质量也不行了。

图 3-87　某公园的木花架

竹花架的立柱常用直径 100 mm 的竹竿,主梁直径 70~100 mm,枋直径 70 mm,其余的杆件直径 50~70 mm。竹材限于强度及断面尺寸,梁柱间距不宜过大。

木花架的木料树种最好为杉木或柏木,立柱的断面为 200 mm×200 mm~300 mm×300 mm,主梁的断面为 100 mm×150 mm~150 mm×200 mm,枋的断面为 50 mm×75 mm~75 mm×100 mm。

竹、木花架的立柱通常将下端涂刷防腐沥青后埋设于基础预留孔中。竹立柱与梁的交接之处,可采用附加木杆连接;木立柱与梁之间的连接,可采用扣合榫的结合方式。

竹、木花架的外表面,应涂刷清漆或桐油,以增强其抗气候侵蚀的耐久性。

2.砖石花架

砖石花架的特点是厚实耐用,易形成朴实、浑厚的风格,但材料运输较困难(见图 3-88)。花架柱常用块石砌成,也可用砖块砌成或空砌,然后抹水泥做水磨石、水刷石面层或用石板贴面处理。对于砖柱,可采用汰石子、斩假石的工艺方法处理,形成比较精细的风格。立柱外表面块材之间的缝隙,应进行勾缝处理。梁架则常用竹木、混凝土、条石制成。

图 3-88　西安盆景园的砖石花架

3.钢筋混凝土花架

钢筋混凝土花架使用钢筋混凝土材料,用现浇或预制装配的施工方法制成,特点是能够现场安装,灵活多样,经久耐用,目前应用最为广泛。

立柱的截面控制在 150 mm×150 mm～250 mm×250 mm,若用圆柱,则直径为 160～250 mm。柱的垂直轴线方向的截面大小与形状可以有所变化,有时将单柱设计成双柱,柱间布置小花混凝土装饰,以增强花架的景观效果。

混凝土的大梁可现浇或预制后安装,小梁和格栅一般在预制好后安装到设计位置。梁的截面为 75～200 mm×150～250 mm,格栅的截面常见 50 mm×100 mm。梁与格栅、梁与柱子之间的安装应采用电焊连接。

最上面的格栅又叫条子条,可用 104 涂料或丙烯酸酯涂料刷白两遍。梁也可以刷白,或做装饰抹灰。立柱一般采用水磨石、水刷石面层的装饰抹灰处理,也常用石板贴面或马赛克贴面,也有用天然花岗石做柱的。

4.金属花架

金属花架利用各种规格的管材型钢,任意弯折,制成各种曲线形或钢架形的花架,特点是活泼自由,轻巧挺拔,极富现代感。

立柱可用直径 100～150 mm 的圆钢管或 150 mm×150 mm 的组合槽钢做成,下端固定于钢筋混凝土的基础上。大梁可采用轻钢桁架的形式,格栅可用直径 48 mm 的钢管做成。花架的荷载不大,可以用空心管材。

各钢杆之间一般采用电焊连接固定,所有钢杆件的表面必须作防锈涂料处理,并要经常油漆养护,以防脱漆腐蚀。金属花架夏天易导热,要选择抗热性较强的植物种类,故金属花架非常适合设计为造型独特的雕塑型花架,不搭配植物或点缀少量飘逸细致的植物,营造现代浪漫的风格。同时,坐凳宜采用木材料,容易协调且较舒适。

六、案例分析

(一)广州晓港公园花架

广州晓港公园花架位于广州晓港公园水边(见图3-89),作为岸边的主体景物,既是一个如画的景观点,在临湖树木的掩映下显得生动活泼,画龙点睛;同时又是一个理想的观景点。造型上,不仅采用亭、廊、花架相结合的方式,而且注重细部,设计花格进行装饰。色彩上,以亭子为重点,洁白的花架亮而不艳;质感上,淳朴厚重的砖石结构的廊与相对细腻的钢筋混凝土结构的亭子、花架形成对比,整体构图完整。功能上,满足了游人的观景和亲水需求。交通上,也不失为一条沿湖游玩的通道。

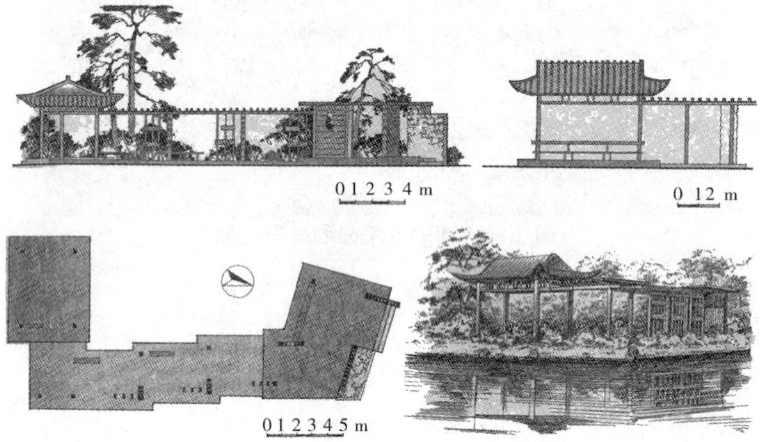

图3-89　广州晓港公园花架(卢仁《园林建筑》)

(二)上海复兴公园花架

上海复兴公园花架建于公园一隅(见图3-90),成为一个安静的休息点。造型上花架和廊结合,适于不同季节使用。平面布局曲折灵活,立面采用平屋顶,高低有变化,形式活泼,尤其出入口处,在空间和装饰上富有特色。

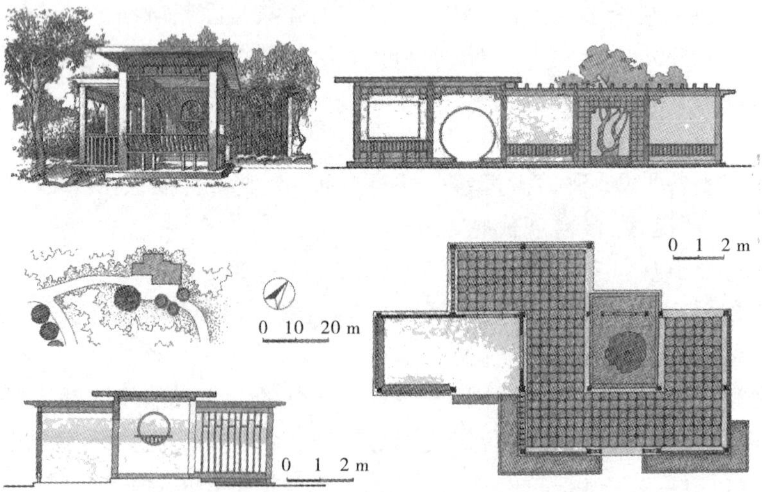

图3-90　上海复兴公园花架(卢仁《园林建筑》)

(三)杭州植物园花架

杭州植物园花架建于园路边的草坪上(见图 3-91),造型上采用独立式花架和单片式花架相结合的形式,比较新颖,尤其立面虚实对比明显,单片式花架不仅增强了装饰效果,而且可作为攀缘植物的支架,使建筑和植物结合得更加紧密。休息空间的处理上具有特点,唯立面比例欠佳。

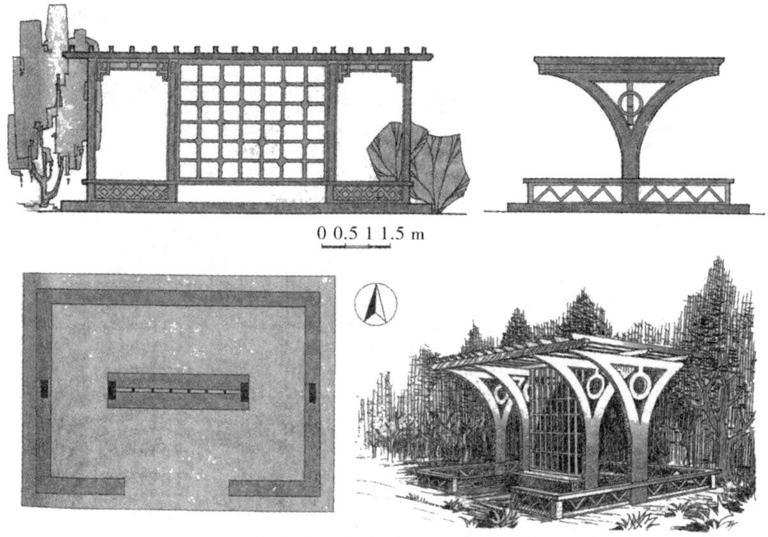

图 3-91　杭州植物园花架(卢仁《园林建筑》)

(四)天津丁字沽住宅花架

天津丁字沽住宅花架建于道路一隅(见图 3-92),由景墙和单片式花架组成一体,并与花坛、坐凳结合,不仅较好地解决了攀缘植物的生长问题,而且立面造型丰富、优美,结合花架前的遮阴树,构成了良好的休憩空间。景墙采用砖石结构,配合白色的钢筋混凝土花架,整体造型新颖、简洁,与环境协调统一。

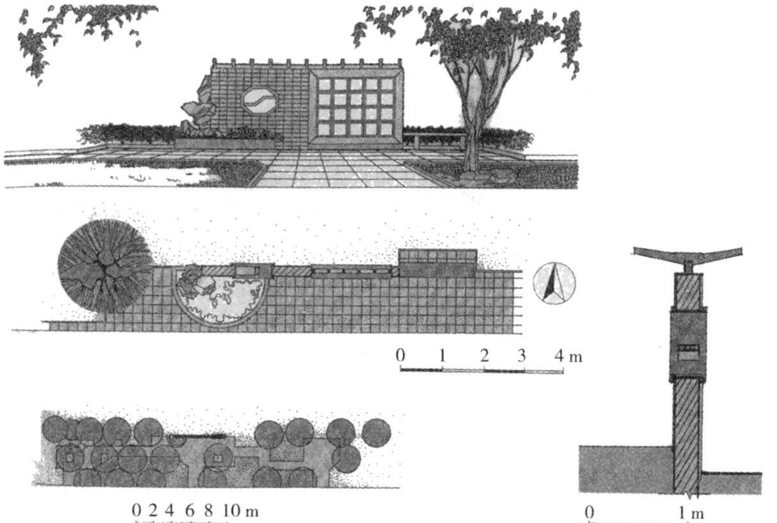

图 3-92　天津丁字沽住宅花架(卢仁《园林建筑》)

(五)南京丁山公园花架

南京丁山公园花架建于水边(见图3-93),平面一字形随地坪高差作前后高低错落布置,构成了两个空间效果。坐凳、景墙的排列更加强调了空间聚向水面的效果。整体造型简洁,局部装饰上具有传统色彩。唯对于攀缘植物的生长考虑有些不周。

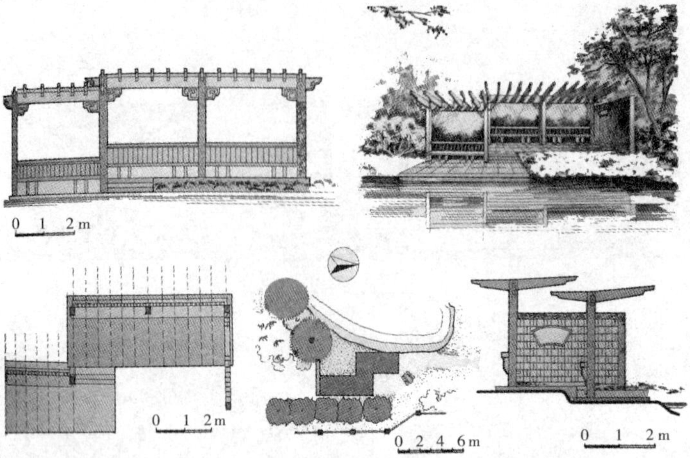

图3-93　南京丁山公园花架(卢仁《园林建筑》)

第四节　园林大门

园林大门是一个新天地的入口,是空间转换的过渡地带,是联系园内、外的枢纽,是园内景观和空间序列的起始,能够反映园林特色。

一、园林大门的作用

(一)标志空间

标志空间是指园林大门通过自身的高低起伏、大小变化、比例尺度、外观形态等,不仅丰富了园林景观,形成园区特色的标志性展示空间,而且创造了不同的视觉观赏角度,塑造形成了不同性格的园门出入口空间。建筑本身可以形成或柔软,或坚毅,或稳定,或奔腾等具有美感的标志形状,如高耸的柱墩、精美的售票室等都能轻而易举地捕捉游人的视线。因此,园林大门在满足其基本使用功能的同时,更重要的是展现其个性、特征并与园区环境、社会环境、时代背景和谐共处。

(二)划分空间

划分空间是指利用园林大门的布局设计,有效地、自然地划分空间,可以明显地将园林大门空间与周边空间相分隔,形成不同功能或景色特点的园门出入口空间,也可以利用地形地势、建筑小品、雕塑或绿化等,在园林大门空间形成隔景、障景、对景、借景等,以不同的方式创造和限制园门出入口的内、外部空间。

例如,利用地形划分空间不仅是园林大门分隔空间的手段,而且能获得空间大小对比的艺术效果。平地的横向连续性,易导致园林大门缺乏垂直方向的设计元素,在视觉上产生垂直空间上的空白或不生动性。但在斜坡地形中,利用坡度本身就能发挥园林大门限制空间和封闭空间的作用，在绿化种植的配套设计中，还能影响小范围空间的环境和气氛。平坦、起伏平缓的地形能给人以美的享受和轻松感，陡峭、崎岖的地形极易在一个空间中给人造成兴奋的感受。利用不同的地形，可将风景园林大门空间划分为不同的功能区域，同时刺激人们的内在情绪和感受，使游人全身心地融入园林之中。

（三）交通集散与人流疏导

园林大门组织引导人流及交通集散，尤其表现在节假日、集会及园内进行大型活动时，人流及车流剧增，需恰当解决大量人流、车流的交通、集散和安全等问题。

例如，园林大门可以凭借布局、地形地势的起伏变化性，有效地影响导游路线和游人行进速度。可以将园林大门的外广场空间进行布局或地形的处理，如在园林大门外广场处，可以利用半封闭性布局或山地起伏变化的效果，进行隔景处理，以增添游人的兴致。

（四）完善功能

配套设施方面，除具一般门卫功能外，并具有售票、收票的功能。此外，在可能的情况下，为游人提供一定的服务，如小卖部、公用电话、照相、物品寄存等。例如，武汉市中山公园的大门，就具有完善的配套设施（见图3-94）。

因此，公园往往通过对大门的艺术处理来体现整个公园的特性和建筑艺术的基本格调。大门设计既要考虑其在该园林景观中的独立性，又要做到与全园的艺术风格相统一，空间处理应合理，交通流线应通畅，等等。成功的大门设计必须立意新颖、巧于布局、富有个性。

图3-94　**武汉市中山公园大门**

二、园林大门的分类

（一）按照公园的性质分类

园林大门按公园性质可分为纪念性园林大门、游览性园林大门、专业性园林大门三类。

1.纪念性园林大门

纪念性园林大门一般采取对称的构图手法，此类大门具有庄严、肃穆的特点。例如广州黄花岗公园园门，此门设计为对称牌坊式，孙中山书“浩气长存”四字镌于门坊（见图3-95）。

图3-95　**广州黄花岗公园园门**

2.游览性园林大门

游览性园林大门多半采用非对称手法，以求达到轻松活泼的艺术效果，也有采用对称式的，但其造型和视觉感受均有别于一般的纪念性园林大门。例如扬州瘦西湖园林大门，以歇山亭为主轴，与瘦西湖融为一体，极富韵律感及地方特色(见图 3-96)。

3.专业性园林大门

一般来说，专业性公园包括动物园、植物园、儿童公园、盆景园和花圃等。专业性园林大门若能结合公园专业特性来设计，会更加富有特色，其手法一般以写意而非写实为佳。

例如哈尔滨儿童公园大门，设计创意犹如童话故事中的城堡，与公园的性质在表现形式上相得益彰，指向性明确(见图 3-97)。

图 3-96　扬州瘦西湖园林大门

图 3-97　哈尔滨儿童公园大门

(二)按在园林中的地位分类

园区园林大门按地位分为主要大门、次要大门和专用大门。

1.主要大门

主要大门是大多数游人出入公园的地方，一般直接或间接通向公园的中心区。它的位置要求面对游人的主要来向，直接与城市街道相连，位置明显，但应避免设于几条主要街道的交叉口上，以免影响城市的交通组织。同时，还应根据城市规划和公园内部布局要求，设置园门内外集散广场、停车场、自行车存车处等。

2.次要大门

次要大门是为方便附近居民使用，或为院内局部地区或某些设施服务的。它与主要大门一样，都需要有平坦的、足够的用地来构建大门入口处所需的设施。如合肥瑶海公园次要大门的设计，功能上较为单一(售票、小卖)，采用人、车分流方式，朝西正对一条生活型干道，所以在门前广场(做集散之用)上设一“幌”作为道路的端头处理，同时也是公园的起景。该门与公园一级通道相邻，加上水域无所遮挡，为避免游人一览无余，设一照壁隔断视线、增加空间层次。在建筑造型上，采用徽州传统民居形式，引入现代空间组合方法，推陈出新，体现出较强的地方性和时代感。

3.专用大门

专用大门是为园务管理而设置的，不供游览者使用。其位置可稍偏僻，以达到方便管理，又不影响游人活动的目的。因专用大门大多形制简单、功能单一，且位置隐蔽、偏僻，因此在设计过程中，设计师只要考虑这个设计节点满足功能即可，不做过多说明。

(三)按园林风格分类

一般来说，园林大门与造园风格具有统一性，大体上划分为规则式园林大门、自然式园林大门和混合式园林大门三种。

1.规则式园林大门

规则式园林大门多采用对称平面布局，一般建在平原和坡地上，园林中道路、广场、花坛、水池等按几何形态布置，园林建筑也排列整齐，风格严谨，大方气派。现代城市广场、街心花园、小型公园的大门等多采用这种方式(见图3-98)。

2.自然式园林大门

自然式园林大门因多强调自然的风致，布局中离不开山石、池沼、林木等自然景物，傍山的园林大门借地势错落，并借山林为衬托，颇具天然风采(见图3-99)。苏州园林的很多园门采用的是对称布局，大多采用“墙门”式，手法洗练、简洁明快，布局上采用对称式，但营造的氛围却是轻松活泼的(见图3-100、图3-101)。

图3-98　规则式园林大门

图3-99　自然式园林大门

图3-100　个园园林大门

图3-101　拙政园园林大门

3.混合式园林大门

混合式园林大门则为自然式园林大门、规则式园林大门两者根据场景适当结合，扬长避短，突出一方，在现代园林大门中运用更为广泛。

三、园林大门的构成

根据园林的性质、规模、活动内容及功能的不同，其大门的设施也有所不同。一般大、中型园林的大门设备齐全，大致可由六部分组成：出入口、售票室和检票室、门卫管理室、园林出入口内外集散广场及游人等候空间、车辆停放处、小型服务设施。

简易的园林大门只有出入口通道和柱墩。

四、园林大门的设计要点

(一)园林大门的选址

园林大门设计从景观上说,是创造某种和大自然协调并具有典型功能的空间。园林大门的选址和处理是园林规划设计中的一项重要工作,不仅决定游人能否方便游览、影响城市道路的交通组织,而且在很大程度上还影响园区内部规划结构、功能分区和用地形状。

园林大门选址不能过于密集,要便于控制人流的疏密、集散,协调各种服务设施、景观及管理的关系。所以,应先从总体规划着手,考虑园林大门位置。如果园林大门选址不当,不但不利于使用功能的实现、艺术意境的创造,反而会削弱整个园林景观的效果。

1.选址与园区周边的道路交通

根据便利道路交通的原则,应充分考虑公共汽车线路、站点的位置及主要人流的来往方向等因素。一般将园区主要大门位置设在城市主干道一侧,既便于交通疏导,又利于交通安全;若是较大的园区,还要在其他不同位置的次干道设置次要大门,以方便城市居民就近进出。在城市主干道交叉口及过境干道一侧,一般不宜设园林主要大门,以免影响城市交通(见图 3-102)。

风景区是园林景区的重要组成部分,但风景区不便设置固定的界址,因此其大门也多半选在风景区的主要交通枢纽处,并结合自然环境设立景区入口标志,然后设立售票室和管理用房等。在景区内部还可根据不同景观、景点在游览路线上设次要大门。大王峰为武夷山主要游览景点之一,其入口处售票室设在大王峰山脉游览路线旁(见图 3-103)。

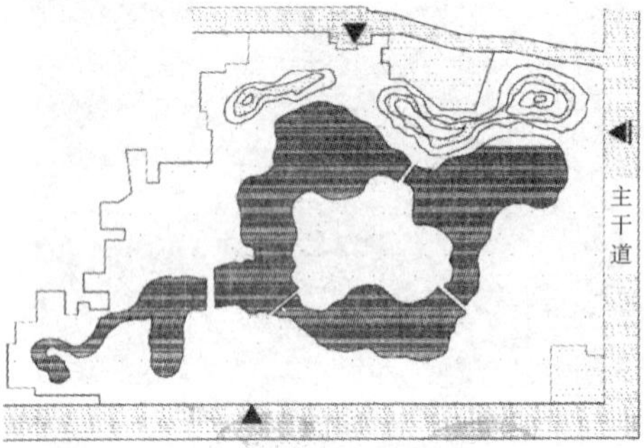

图 3-102 北京陶然亭公园平面示意图

图 3-103 武夷山大王峰登山入口售票室

2.选址与园林的总体规划布局

园林大门是园林游览线路的起点,而游览线路一定要联系园林中主要景点,因此园林中主要景点的布局决定着游览线路的走向,游览线路的走向决定了园门的位置。当然,这种关系不是单向的,是相互影响、相互制约的。大门的位置不是唯一的,有多个位置可供选择,综合考虑园林中各个景点的位置、游览线路的走向、周围环境等众多因素,选择其中最理想的位置。

公园的总平面可分对称式、非对称式和综合式等。大门的位置一般和公园总平面的轴线有着密切的关系。纪念性公园在布局上常有明显的中轴线,大门的轴线亦多与公园轴线相一致,这样从大门入园可给人庄严、肃穆的感觉。例如北京天坛皇穹宇大门——对称式(见图 3-104、图 3-105)。一般游览性公园多采取不对称的自由式布局,不强调大门与公园主轴线相应的关系,这样显得比较轻松和活泼。

图 3-104 北京天坛皇穹宇入口

图 3-105 北京天坛皇穹宇鸟瞰图

又如之前例举过的瘦西湖园林大门,则是自由式布局,体现其别有一番风味的闲情雅致。

(二)园林大门的空间处理

园林大门入口的空间处理包括大门外的广场空间和大门内的序幕空间两大部分(见图 3-106)。

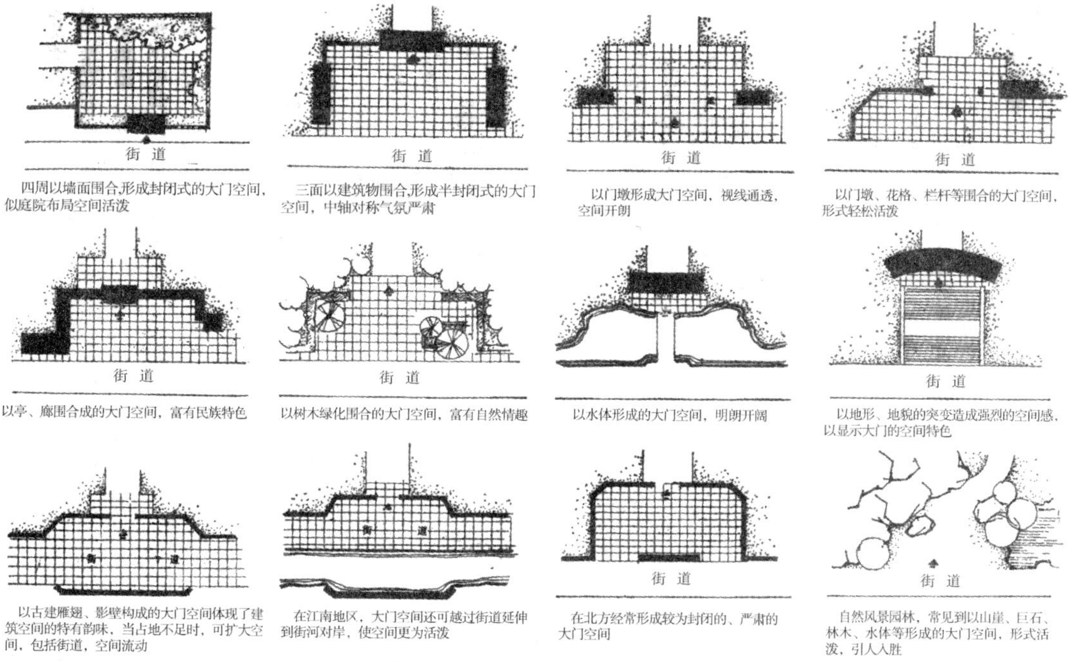

图 3-106 园林大门的空间形式

1.门外广场空间

门外广场是游人首先到达的地方,一般由大门、售票室、商店、围墙等组成,再配以树木、花卉等。售票室有些是和大门结合在一起的,设在大门的一侧或两边;也有些采取分离式,把售票室另设于园内。

一般经常开放的公园,门前交通流量较大,每逢节假日时,人流、车流更为集中,因而门前设置广场起到缓冲交通的作用。有些公园在门外广场设置一些服务设施,如出售纪念品、旅游资料、小食品,照相,出租自行车等。大门是公园门前空间的构图中心,是公园的第一处重点景观,广场空间的组织要有利于展示大门的完整艺术形象。

2.门内序幕空间

1)约束性空间

这类空间的组织一般指在进入园内后由照壁、土丘、雕塑、水池、粉墙和大门等所组成的序幕空间。此处空间具有组织人流和空间序列的作用。结合我国传统的造园手法处理这种空间,可获得丰富空间变化和引导游览顺序的效果,也有利用节假日期间经过重点的装饰和布置,在游园中使之带有“序幕性”的作用。例如广州越秀公园正门门内空间,南行是山麓的圆形景门——“南秀”,北行“北秀桥”是园内水域游览区的开始,东行沿湖岸可直达游艇码头和游泳场。门内空间设计在组织人流和空间序列方面是较为成功的案例(见图 3-107)。

2)开敞性空间

有些公园的门内空间的处理由于某种功能要求和结合园内特殊环境的需要,往往采取纵深较大的开敞性空间。例如广州起义烈士陵园,其大门外是城市的主干道,细叶榕环抱门前广场,把阙式金顶大门衬托得庄严而又开朗。进门后纵深极大的开敞性空间比门前广场更为开阔。其硬质景观和软质景观通过颜色和特性的展现将整个陵园装点得肃穆且宁静(见图 3-108)。

图 3-107　广州越秀公园

图 3-108　广州起义烈士陵园

(三)停车场设计

在园林大门的广场空间中,停车场可以与外部集散广场空间结合,也可以与门内序幕广场空间结合,对停车场空间作单独设计分析是必要的。停车场主要是为了满足非机动车和机动车的停放要求。

非机动车多指目前我国最普通的交通工具——自行车,当然也是应用最多的代步工具。公园平时开放时,游人多借助自行车出行,所以非机动车停车场(即自行车停放场)成为园林大门广场空间中不可缺少的部分。

随着生活质量的提高,我国人均汽车的保有量也在逐年递增,汽车也成为部分人的代步工具,这就给公园大门附近道路的交通、园林大门的集散及机动车的停放等提出了更高的要求。逢重大节日、郊游季节,尤其当公园举行集会、演出活动时,自驾车出游的方式已经成为现代都市人们的首选。每当看到汽车的拥堵、游人的无奈时,作为设计者应该意识到身上的责任。当然,伴随着汽车停放量的剧增,无论是城市公园,还是郊区大型公园,如北京颐和园、上海动物园等,都会遇到平日停放量小与节日停放量大的矛盾,因此停车场的设计不容忽视。

1.机动车停放场设计

第一,机动车停车场比较适合独立设置,不应与公园大门出入口广场混在一处,以免影响交通安全和造成交通拥堵。第二,车辆与人流要分开,避免人流穿越。第三,要根据车辆的停放量、类型,以及方便和安全要求,以经济合理为原则,有效地安排停车位、出入口及通道。如北京颐和园及上海动物园均在大门广场外另设机动车停车场。

2.非机动车停放场设计

自行车是目前最适于我国国情的、最普遍的交通工具,几乎每个城市公园都要考虑到自行车存放的问题。公园自行车停放场一般以露天停放较为常见。为隐蔽常设在绿荫中,以绿带做隔离。停车场面积与停车数量、排列方法、过道组织有关,一般可按 1.2~1.5 m^2/辆计算。自行车停放场的设置基本上有两种方式:一是停车场与园林大门外广场组成一体。其优点是方便存取,路线短捷,但有碍大门外空间的美观,有时会造成人流、车流互相干扰。二是停车场单独设置。一般在大门外广场之外,另辟空场,其优点是不影响大门的景观,人流干扰小,便于保管,但有时离大门较远,存取不便。

(四)大、小出入口的布局设计

园林大门一般分为大、小两个出入口。大出入口主要供节假日及大型活动人流量大时使用,另外也作特殊情况下(如突发灾难等)的特种车辆通行之用;小出入口供平日游人较少时使用,便于管理。因此,大、小出入口的布局在设计中经常表现为以下形式(见图 3-109)。

1.一个出入口的设计形式

当大出入口与小出入口合二为一时,即只有一个供游人及车辆进出的大门,比较适于人流量较小的小型公园或大型公园的次要出入口、专用出入口等。这类大、小合一的出入口设计,多处于次要大门出入口处,因而园林大门体量较小,附带功能不会太多,仅提供园区空间的划分作用,同时兼有售票、收票的功能即可。又因出入口人流、车流混合,为便于管理,常采用限制车流的措施,如大门嵌小门的形式,平时游客步行进出使用小出入口,只在特殊的节日或有突发灾难时,才开启整扇大门,供车辆进出通行。所以,此类出入口在设计时要处理好建筑体量与功能的关系,也要处理好“大门”与“小门”的结合比例。

2.大出入口与小出入口分开的设计形式

因园区面积大,在多边园界上常开多个出入口,在大型园区主要大门出入口处也常见同时设置多个兼有进出功能的出入口现象,便于游客进出。因多个出入口同时存在于一个出入口空间,便会形成大出入口、小出入口分开的形式,以及大、小出入口与售票室、收票室及管理室的组合变化,形成丰富的园林大门出入口的设计形式。

3.入口与出口分开的设计形式

有些园区因各自的特色及园内景观的布置形式,将入口门与出口门分开设置,形成入口、出口人流分别紧连游览路线的起点、终点,即游客只能按照园区指定的主入口进入园区,并按照一定的游览路线在园区观光,并通过出口离开。这种设计适于大型公园使用,

大小出入口合一，车流、人流不分，适于人流量不大的小型公园或大型公园的次要入口、专用门

大、小出入口分开，售票管理用房设在小出入口一侧，适于一般公园大门

大、小出入口分开，收票室设在大、小入口之间，可兼顾两侧收票，便于平日、假日及人流量较大时使用

入口门与出口门分开设置，入口人流紧连游览路线的起点，而出口人流恰在游览路线的终点，紧接出口大门，适于大型公园使用，尤其是游览顺序性较强的园林，如动物园等

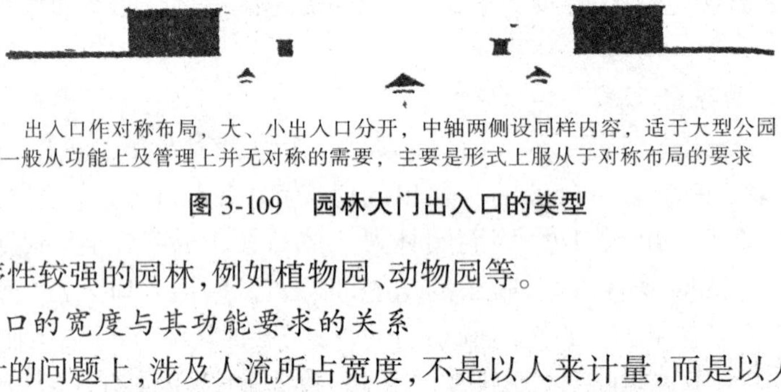

出入口作对称布局，大、小出入口分开，中轴两侧设同样内容，适于大型公园，一般从功能上及管理上并无对称的需要，主要是形式上服从于对称布局的要求

图 3-109　园林大门出入口的类型

尤其是游览顺序性较强的园林，例如植物园、动物园等。

4.大门出入口的宽度与其功能要求的关系

在宽度设计的问题上，涉及人流所占宽度，不是以人来计量，而是以人流股数通行宽度为依据，如单股人流通行宽度为 600~650 mm，双股人流通行宽度为 1 200~1 300 mm。因此，公园小出入口在设计时，其功能主要供人流进出用，一般满足 1~3 股人流通行即可，需要 600~1 900 mm 宽，有时亦供自行车、小推车出入，所以其宽度就由这些因素确定。

公园大门大出入口，除满足大量游人出入外，有时要满足车流进出，故应以车流通过所需宽度为主要设计依据。一般考虑出入两股车流并行的宽度为宜，需要 7 000~8 000 mm 宽。

（五）园林大门的造型设计

1.山门式

这是我国传统的园林大门形式之一。据我国古代的“门堂”建制，不仅在建筑群外围设门,且在一些主要建筑前也有设门的。

我国古代的宗教建筑,特别是地处山林郊野的道观和寺庙,根据宗教建筑的“福地”“洞天”——所属领域来说,一般都要在道观门或寺庙门外设立“山门”等建筑标志,而这些建筑群的序幕性空间就是“山门”,对游人来说是起着表征和导向的作用。后来也有把山门用来称呼控制人流的园林大门。过去此类园林大门多为砖石墙身、坡顶,造型敦厚、庄重。例如广州中山纪念堂山门(见图 3-110)。

图 3-110　广州中山纪念堂山门

向公众开放,且利用原宫门作为园林大门的皇家园林,一般需增设有关的管理设施和服务设施来适应今天的使用功能。同时,要注意其在空间处理上和造型上的统一性与协调性。北京颐和园、景山公园、北海公园等入口大门即属此例(见图 3-111)。

有些规模较大的风景点,为了协调门和环境的比例,入口大门为多开间建筑,体量较大,气魄较雄伟。例如北京月坛园林大门(见图 3-112)。

图 3-111　景山公园大门

图 3-112　北京月坛园林大门

2.牌坊式

我国的牌坊式建筑有着悠久的历史。按其开间、结构和造型来区分,一般有冲天柱式牌坊和门楼式牌坊两大类(见图 3-113、图 3-114)。通常单列柱结构一般用于普通牌坊,而结构稳定的双列柱构架则多用于规模较大的牌坊。

作为序列空间的序幕表征,牌坊和山门在功能上相仿,被广泛运用于过去的宗教建筑、纪念建筑等。例如南京中山陵牌坊门(见图 3-113)。

图 3-113　南京中山陵牌坊门(冲天柱式)

图 3-114　翠屏山公园园门(门楼式)

过去也多将牌坊置于祠堂、官署前的第一道门，既用来分割空间，也作为区别尊卑的标记。在古代城市中被称为牌楼门的牌坊则是坊里大门。

近代公园的牌坊门为了便于管理，也为免除对牌坊传统造型的影响，多采用较通透的铁枝门，并置售票室于门内。

传统的牌坊门，一般造型较疏朗、轻巧，但也有些牌坊门设计得较浑厚。例如广州黄花岗大门，浑厚的气势，能充分体现烈士陵园的性质（见图 3-95）。

3.阙式

石阙，古时的双阙一般东西列，南向，子阙位于阙身外侧，结成整体；石阙为墩状，坚固、浑厚、庄严、肃穆，古代的门阙就是由此演变而成的（见图 3-115）。现代的阙式园门一般在阙门座两侧连以园墙，门座中间设铁栏门。由于门座间没有水平结构构件，因而门宽不受限制，售票室可筑在门外或门内，也有利用阙座内部空间做管理用房。例如广州起义烈士陵园大门。该园门壮丽、庄重、肃穆、雄伟的设计，体现了革命烈士的英雄气概（图 3-108）。

4.柱式

独立柱和铁门是柱式大门的主要组成部分。门座独立，无上方横向构件，这是柱式门和阙式门的共同特点，而区别在于柱式门的比例较细长，也有将体量较大柱体的内部空间用做门卫或检票口。例如南京中山植物园北园大门，按其比例该大门属柱式，而门的造型则有古代汉阙的韵味。为方便大门关闭后行人的出入，大门两侧与门房之间各设有小门。浅红色干粘石饰面的门房墙面，贴红缸砖的顶部檐口。这种明快而富有生气的感受在丛林深山中显得尤为突出。大门造型、比例、尺度适宜，有传统特点，又具有明朗、简洁的现代特征，植物园之性格通过檐下装饰的浮雕植物图案来反映（见图 3-116）。

图 3-115　阙式大门

图 3-116　南京中山植物园北园大门

又如广州文化园林大门（见图 3-117）。

5.顶盖式

上述园林大门的入口都属坡屋顶。而平顶、拱顶和褶板顶这些承重构件上方筑有顶盖的形式也随着建材、结构和施工技术的发展被大量使用。例如广州流花湖公园（见图 3-118）。

图 3-117　广州文化园林大门

图 3-118　广州流花湖公园

平顶式的园门易于适应各种较复杂的平面，应用范围较广。又如哈尔滨儿童公园园林大门(见图 3-97)。

上述各类大门，如传统形式历史悠久的山门式、牌坊式、阙式等，形象优美。近现代公园的大门设计，不少园门由于功能、结构、材料和设备等方面均有所发展，其在继承传统的基础上都进行了大胆的革新。如为使平面简洁、结构合理、管理方便而将售票室等和园门连成整体，且在立面造型上也给人一种清新、简练、亲切的时代感。各种设计形式新颖的以顶盖式为主调的园门，很好地体现了公园的意境，设计手法不落俗套，取得了很好的设计效果。

(六)园林大门附属建筑的设计

1.售票室设计

售票室是园林大门最基本的功能组成部分，也是大门形象及艺术构图中的重要内容。根据数量及交通情况等不同因素，一般有两种布局方式：一是售票室与大门建筑组合成一体；二是售票室与大门建筑分开设置，成为独立在大门外的售票亭。

售票室的使用面积，一般每个售票位不小于 2 m^2，亦可按不同建筑布局形式及通风、隔热、防寒、卫生等情况有所增减，每两个售票窗口的中间距离不小于 1 200 mm。售票室外应有足够的广场空间，作游人购票停留之需。售票室的售票窗口设置有单面售票、双面售票及多面售票等几种形式(见图 3-119)。

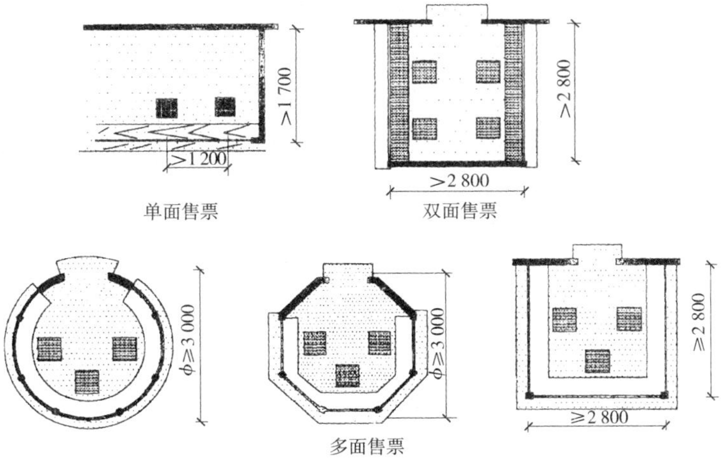

图 3-119　售票室的平面形式　(单位:mm)

2.门卫室、管理室设计

门卫室、管理室是辅助收票、维持出入口秩序、管理园区日常工作的空间。门卫室可与售票室、收票室相邻或组合设计，面积不宜过大，每名门卫人员有 2 m^2 左右的办公空间即可，室内陈设不宜过多，开窗朝向一般面南，且门卫室应在内、外两个朝向都设有开门，以便门卫人员及时进出。管理室因多管理日常的办公事务，因此可置于园林大门与围墙组合序列的末端，与人口及其他功能空间保持一定距离，创造一个安静、不易被游人干扰的办公环境。管理室的建筑风格在与其他园林大门保持一致的基础上，又要具有可识别的建筑形象，保证办公及管理工作的正常进行。同时，管理室也可单独布置，隐藏于园林大门、园区围墙、绿化组合之中，也可获得良好的效果。

3.售票室、收票室及门卫室和管理室的室内气候环境

售票室、收票室的面积一般较小，建筑体量不大。根据功能要求，一般需设较大窗口，因此这类建筑受室外季节气候的影响严重，室内冬冷夏热是常见的设计弊病。造成工作人员终日在恶劣的环境下工作，既降低了工作效率，又影响工作人员身体健康。设计中主要应解决以下三个问题。

1）选择良好的朝向并采取必要的遮阳措施

第一，在我国大部分地区，售票室、收票室等建筑朝向的优劣将直接影响工作条件。一般应使功能窗面朝南，或朝东南，或朝西南，方能获得充足的日照及较好的通风条件。但园林大门往往受规定位置、主景观、园区形状、城市交通、街道景观等因素的影响，不易具有良好的朝向。因此，设计时首先要在不改变大门朝向的前提下，改变建筑方位，以使建筑获得良好的朝向，或在大门建筑群的组合中，将工作房间巧妙地安排在好的朝向位。例如，在朝西的大门中将建筑物朝南，在朝北的大门中将建筑物朝东等，以改善建筑物的朝向。

第二，当选取不到较好的朝向时，应做遮阳设施。尤其是售票室、收票室的窗口必然要朝东、朝西向时，更需做好遮阳设计。遮阳设施以不妨碍营业窗口为宜，一般采取的遮阳措施包括挡板式遮阳、水平遮阳、绿化遮阳等。挡板式遮阳，即在廊或屋檐的顶板下悬挂垂直遮阳板，遮阳板应离地面 1.8 m 以上，以免人们碰头。水平遮阳，即在售票室、收票室窗口前做加大挑檐顶盖，或在窗口做水平遮阳板，或加设进深较大的廊、花架等，其中简单易行的可用帆布遮阳，可设机械装置，每日收放。绿化遮阳，即在售票室、收票室或管理建筑体量不大，且在室外环境有浓密大树或有较合理的种植配置时，可使整个建筑处于树荫下，这是最理想的自然物遮阳方法。

2）组织好穿堂风

组织穿堂风是夏季室内降温的重要措施。我国大部分地区夏季主导风为南风（或东南风，或西南风），因此房间窗户要面向主导风向，即朝南（或东南、西南）。要安排好进出口，使穿堂风经过室内的工作范围，房间平面上要注意开窗的位置，剖面上要注意开窗的高低。因气流速度会随路线曲折程度的增加而减小，所以要使穿堂风的穿过路线简捷。

3）屋顶保温隔热措施

屋顶保温隔热措施是防止太阳辐射热对室内侵害的重要方法，尤其南方夏季更为突出；而北方地区，屋顶及墙体的保温措施也是改善室内冬季环境不可忽视的措施。

屋顶保温及隔热的方法很多,常用的有架空通风隔热层屋面、吊顶通风隔热层屋面、通风隔热保温屋面、保温平屋面及保温坡屋面。架空通风隔热层应注意,开设通风口应迎向夏季主导风向,架空高度一般为 120~240 mm;吊顶棚隔热层的通风口,在冬季应能关闭,以利于保温。

(七)园林大门的立面要素

通过前面的学习,已经掌握园门出入口的主要功能是指示标志和交通连接疏导。有些大门出入口的立面要素较为完整,可以让人们对整体建筑形成印象,但是更多的现代设计为完成这两个重要的功能进行立面要素的重构,或缺失其中的一种功能,把设计的重点摆在建筑本体的形式感上。因此,在现代生活中,园林大门的设计越发活泼,越发变幻,越发让人难以忘却。

在大门立面要素中,仅就设计分析以下两个方面。

1.大门出入口的门墩设计

门墩是悬挂、固定门扇的主要构件,是大门出入口不可缺少的组成要素之一,但在一些现代园林出入口设计中,门墩悬挂、固定门扇的功能已经开始出现缺失,取而代之的则是大胆夸张的建筑形象。

其实,门墩的造型又是大门艺术形象的载体,有时还直接成为大门的主体形象。所以,应重视门墩的形式、体量大小、质感等因素,且应与大门总体造型协调统一。门墩结合大门的总体环境,常见的有柱墩式、实面墙、高花台、花格墙、花架廊等。

2.大门出入口的门扇设计

门扇是大门的围护构件,又是艺术装饰的细部,对大门的整体形象起着一定的作用。门扇随着公园开放性的要求,有些园林大门已经被意念所取代。其实门扇的设计形式及造型的要求也在不断地变化着。如从防卫功能上看,门扇高度一般不低于 2 m,其花格、图案的纹样以竖向条纹为宜,且竖条之间距离不大于 140 mm。同时,也要考虑门扇大小、造型、装饰、材质及开启方式等,都要与大门整体形象协调统一。常见的门扇设计有金属栅栏门扇、金属花格门扇、铁板门扇、铁丝网门扇等,有些地区还采用木板、木栅门扇等。

五、设计实例

(一)黄遵宪纪念公园大门

黄遵宪公园大门是整个公园点题的建筑物,象征性地营造了客家民居的设计意向。公园大门的造型主体为一座夯土圆墙,外围一圈围廊,象征客家的围楼,以圆墙围合的天井中间为一口水井,隐喻"饮水思源"这一概念,在体现浓厚文化内涵的同时,暗示黄遵宪先生来自梅州,从小立志放眼世界的人生观。大门的整体设计既出自传统,又结合现代建筑的技术和结构,造型稳重端庄,具有强烈的标志性(见图 3-120)。

(二)北京玉渊潭公园西门

北京玉渊潭公园西门是应樱花节开办和三环路通车,从这个方向入园的游人激增而建设的,设计完成于 1998 年 11 月,项目竣工于 1999 年 7 月。

西门景区包括门和码头两个部分,门区占地约 2 500 m^2,码头占地约 1 000 m^2,门区设有门外广场,售票室和小卖部及自行车存车处;码头除出租游船外还设有一个 300 m^2

的茶室。门区和码头之间大约 2 000 m^2 的绿地做了调整和改造，以形成统一的格局。

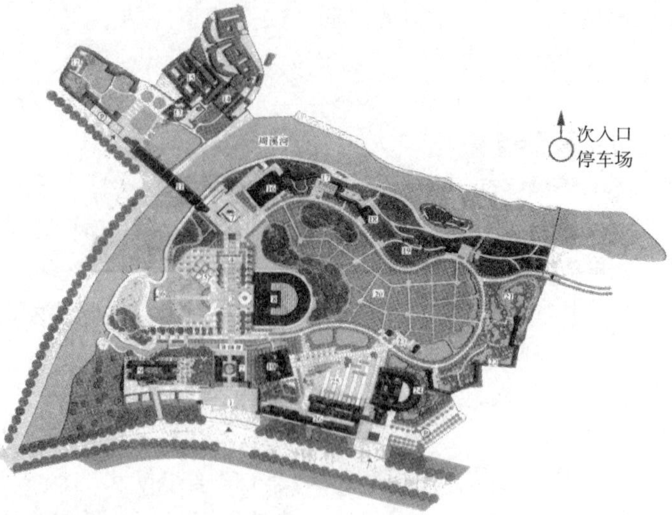

(a)总平面图

(b)远看效果

(c)近看效果

图 3-120　黄遵宪纪念公园大门

建筑处理简洁，白墙红瓦缓坡屋顶，尺度宜人，与环境协调。门前广场铺装的线形与票房建筑的轴线完全一致，并组成红砖白石花朵形的图案。刻有公园名的墙体和一透雕三角柱与建筑南北相对，总体突出樱花主题，个性很鲜明。植物和园路经过调整后使入园后视野开阔，路线流畅自然，并恰如其分地点缀山石，使门区的园林内容得以充实。

建成后各方面的反映良好，认为设计者对规划布局、建筑和环境的全面把握适度，规模虽小但满足了多方面的使用要求，并兼顾了公园的效益（见图 3-121）。

（三）辽阳化工厂儿童公园大门

大门位于十字路口，以曲尺形平面布局迎向主要人流，大门形象以海鸥为寓意，启迪儿童天天向上，并竖以火炬为标志，唯受规矩限制，广场较为局促（见图 3-122）。

（四）北京雕塑公园大门

大门采用一组廊亭的组合形式，布局活泼，广场与小院交错、对比，雕塑小品体现公园内容，建筑形式新颖，色彩明快，唯小方亭与外广场缺少联系，限制了游人使用（见图 3-123、图 3-124）。

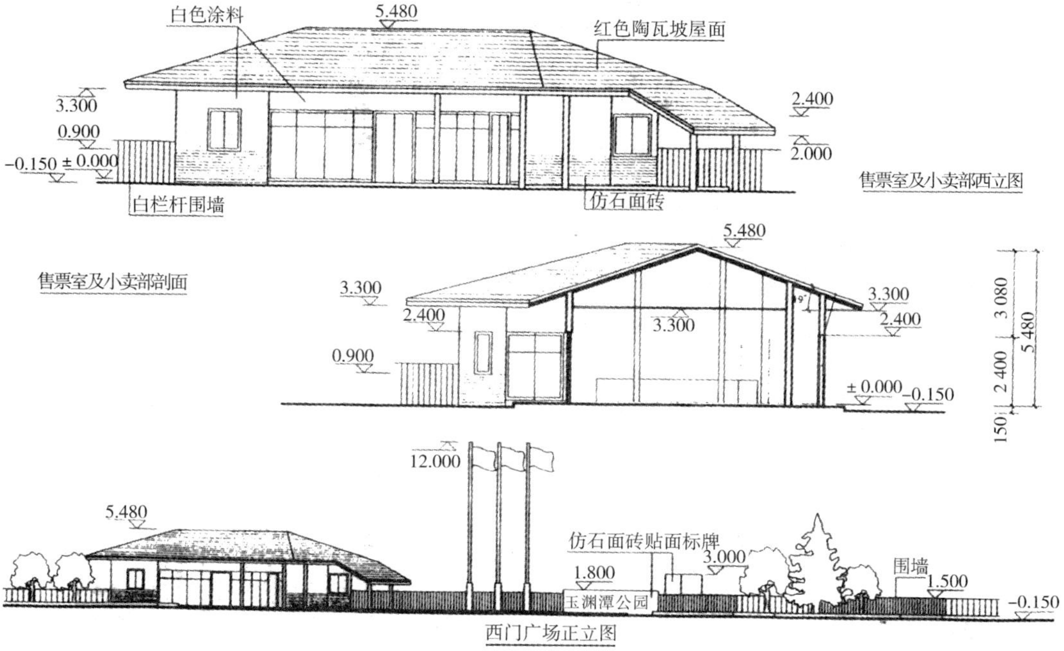

图 3-121　北京玉渊潭公园西门　(单位:高程 m,尺寸 mm)

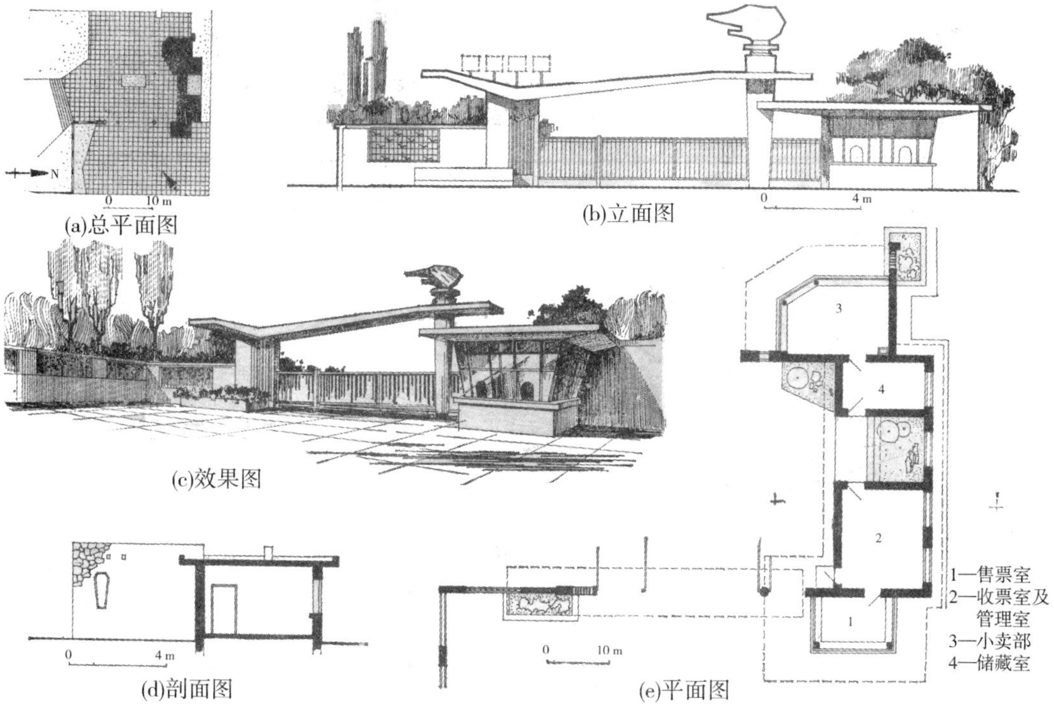

(a)总平面图　(b)立面图　(c)效果图　(d)剖面图　(e)平面图

图 3-122　辽阳化工厂儿童公园大门

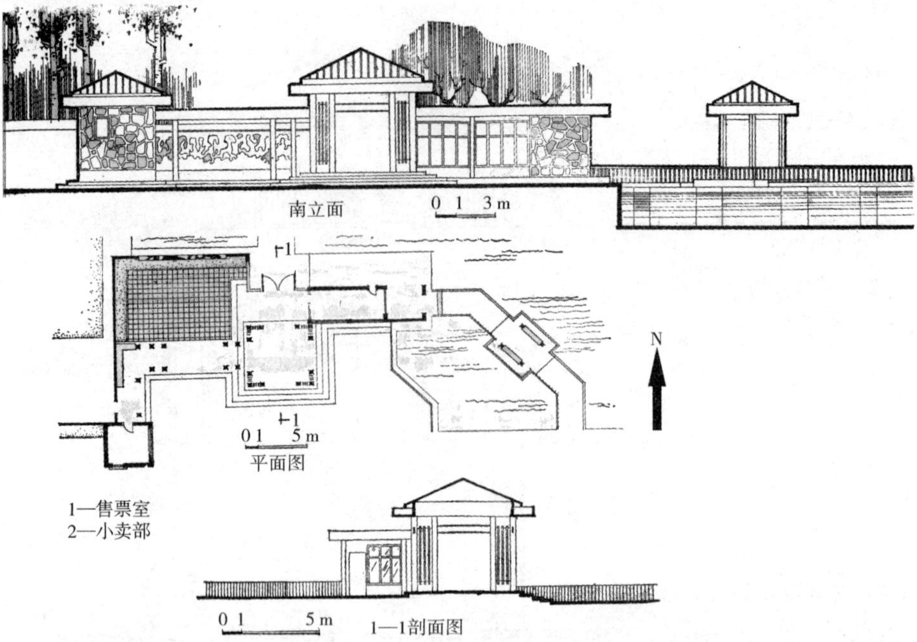

图 3-123　北京雕塑公园大门

图 3-124　北京雕塑公园大门效果图

第五节　水　榭

一、榭的含义

《园冶》记载："榭者，籍也。籍景而成者也，或水边，或花畔，制亦随态。"这一段话说明榭这种建筑是凭籍着周围景色而构成的。在今天一般人的概念中，"榭"多被看做是一种临水的建筑物。水榭是指供游人休息、观赏风景的临水园林建筑。中国园林中水榭的典型形式是在水边架起平台，平台一部分架在岸上，一部分伸入水中。平台跨水部分以梁、柱凌空架设于水面之上。平台临水围绕低平的栏杆，或设鹅颈靠椅供坐憩凭依。平台靠岸部分建有长方形的单体建筑，建筑的面水一侧是主要观景方向，常用落地门窗，开敞通透。既可在室内观景，也可到平台上游憩眺望。屋顶一般为造型优美的卷棚歇山式。建筑立面多为水平线条，以与水面景色相协调。

二、榭的功能

在园林建筑中，榭与舫、亭等属于性质上比较接近的一种建筑类型。它们除满足人们休息游赏的一般功能要求外，主要是起观景与点景的作用，从属于自然空间环境，对丰富园林景观和游览内容起着突出的作用。

三、榭的基本形式

（一）榭与水体结合的基本形式

其形式多种多样，从平面形式看，有一面临水、两面临水、三面临水及四面临水。四面临水者以桥与湖岸相连。从剖面看平台形式，有实心土台，水流只在平台四周环绕；有平台下部以后梁柱结构支撑，水流可流入部分建筑的底部，有的可让水流流入整个建筑底部，形成驾凌碧波之上的效果。近年来，由于钢筋混凝土的运用，常采用伸入水面的挑台取代平台，使建筑更加轻巧，低临水面的效果更好（见图 3-125）。

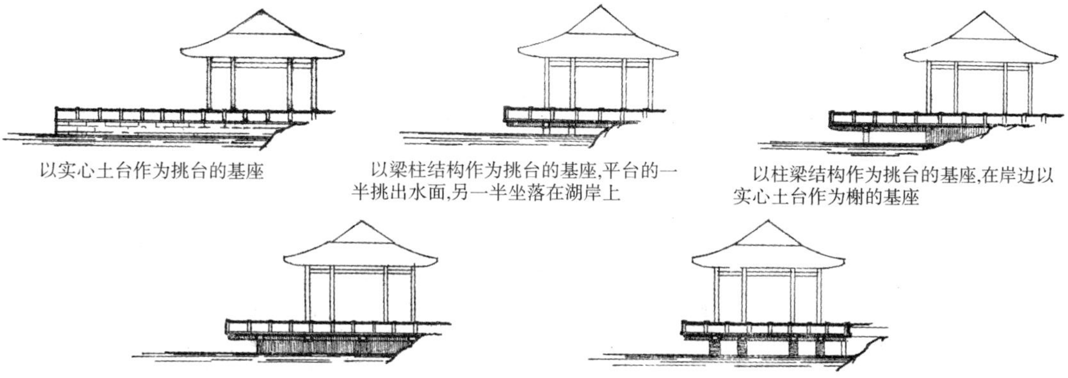

以实心土台作为挑台的基座

以梁柱结构作为挑台的基座，平台的一半挑出水面，另一半坐落在湖岸上

以柱梁结构作为挑台的基座，在岸边以实心土台作为榭的基座

在实心土台的基座上，伸出挑梁作为平台的支撑

整个建筑及平台均坐落在水中的柱梁结构基座上

图 3-125　榭与水面的结合形式

（二）不同地域水榭的形式

我国园林随时期的不同而有不同的变化，古典园林随地理位置的不同而划分为北方园林、江南园林和岭南园林。因此，榭的形式也随之有所差异。

在江南园林中，水榭常用于水边以观水景，由于水池面积一般较小，因此榭的尺度也不大。为了在形体上取得与水面的协调，建筑物常以水平线为主，一半或全部跨入水中，下部以石梁柱结构为支撑，或者用湖石砌筑，让水深入到榭的底部。建筑临水的一侧开敞，可设栏杆，可设鹅颈靠椅，以便游人在休憩时可以凭栏观赏醉人的景致。屋顶大多是歇山回顶式，四角翘起，显得轻盈纤细。建筑整体装饰精致、素雅。较为典型的实例有苏州拙政园的芙蓉榭、网师园的濯缨水阁、藕园的山水间，以及上海南翔古漪园的浮筠榭。

北方园林的榭，除保留着江南园林水榭的基本形式，还具有北方宫廷建筑特有的色彩，整体建筑风格比较浑厚持重，在建筑尺度上也相应进行了增大，显示着一种王者的风范。有一些水榭已经不再是一个单体建筑物，而是一组建筑群体，从而在造型上也更为多样化。比较典型的例子如北京颐和园的洗秋、饮绿两个水榭。

在岭南园林中，由于气候炎热、水域面积较为广阔等环境因素的影响，产生了一些以水景为主的水庭形式。其中，有临于水畔或完全跨入水中的“水厅”、“船厅”之类的临水建筑。这些建筑形式，在平面布局与立面造型上，力求轻快、通透，与水面贴近。有时将建筑做成两层，也是水榭的一种形式，如可园的观鱼水榭。

四、榭的设计要点

作为一种临水建筑物，一定要使建筑与水面和池岸很好地结合，使它们之间有机配合，更加自然贴切。

(一)水榭的布局设计要满足功能和造景要求

园林建筑的布局首先要满足功能要求，如使用、交通、用地及景观要求。必须因地制宜，综合考虑。在功能与造景之间，其取舍的原则是当有明显的功能要求的时候，游览观赏从属于功能。当有明显的观赏要求时，功能从属于游览观赏。水榭属于功能和观赏二者兼具的建筑，应在满足功能的基础上，尽量加强建筑外部的游览观赏性。在造景的过程中，要注意建筑与植物的关系。古典建筑端庄典雅，宜以油松、翠兰松、竹、梅、桂、玉兰等传统树种相配。现代建筑轻盈潇洒，与雪松、草地明快活泼的风格相一致。以树木、花草在自然状态下的形态、色彩、四季变化动态来改变呆板、静态、单纯的建筑，以树木多变的树冠线来调整建筑平直的天际线，以植物的搭配层次来满足总体的虚实关系。

(二)水榭应尽可能突出池岸，形成三面临水或四面临水的形式

榭以借助周围景色见长，因此位置的选择尤为重要。水榭的位置宜选在水面有景可借之处，要考虑到有对景、借景，并在湖岸线突出的位置为佳。所以，水榭应尽可能突出池岸，形成三面临水或四面临水的形式。如果建筑不宜突出于池岸，也应将平台伸入水面，作为建筑与水面的过渡。在水榭不能突出于水中时，通常以宽敞的平台作为过渡，以便游人游赏停留，在身临水面时有开阔的视野(见图3-126)。

图3-126　恭王府水榭

（三）水榭宜尽可能贴近水面，即宜低不宜高

水榭宜尽可能贴近水面，最好将水面深入到水榭的底部，并且应避免采用整齐划一的石砌驳岸。要尽可能解决好建筑与池岸、建筑与水面的比例。

当建筑地面离水面较高时，可以将地面或平台作上下层处理，以取得低临水面的效果。当岸与水面高差较大时，也可以把水榭设计成高低错落的两层建筑的形式，从岸边的下半层到达水榭底层，上半层到达水榭上层。这样，从岸上看去，水榭似乎只有一层，但从水面上看来却有两层。在建筑物与水面之间高差较大，而建筑物地平又不宜降低的时候，就应对建筑物下部支撑部分作适当的处理，以创造出新的意境。另外，当水位的涨落变化较大时，就需要仔细了解水位涨落的原因和规律，特别是历史最高水位记录，设计者应以稍高于历史最高水位的标高作为水榭的设计地平标高，以免水淹。

为了形成水榭有凌空于水面之上的轻快感，除要将水榭尽量贴近水面外，还应该注意尽量避免将建筑物下部砌成整齐的驳岸形式，而且应该将作为支撑的柱墩尽可能往后退，以造成浅色平台下部有一条深色的阴影，从而在光影的对比之下增强平台外挑的轻快感，有些水域的季节性很强，水位变化很大，在枯水期平台与水面的空隙较大，水榭漂于水面的感觉就没有了（见图 3-127）。

（四）在建筑造型上，榭应与水面、池岸相互融合，以强调水平线为宜

建筑物贴近水面，适时配合以水廊、白墙、漏窗，平缓而开阔，再配以几株翠竹、绿柳，可以在线条的横竖对比上取得较为理想的效果。在建筑轮廓线的方向上，榭与亭的那种一般集中向上的造型是不同的，榭这种建筑的形体以流畅的水平线条为主，简洁明了，同时还可以增强通透、舒展的气氛（见图 3-128）。

图 3-127 中山陵水榭

图 3-128 水榭强调水平线条

（五）处理好水榭与园林整体环境的关系

水榭在体量、风格、装修等方面都要能与它所在的园林空间的整体环境相协调和统一，使园林建筑的室内外互相渗透，与自然环境有机结合，这样不但可以使空间富于变化，活泼自然，而且可以就地取材，减少土石方，节约投资。在水榭设计时，应该恰如其分、自然，不要不及，更不要太过。在体量上不能超过环境所容许的建筑体量上的限度；在装饰上要自然，不能烦琐堆砌；在风格上要有特色，体现地方特色（见图 3-129）。

图 3-129　水榭与环境

五、榭的设计实例

(一)苏州拙政园芙蓉榭

芙蓉榭为拙政园东部方形歇山顶临水风景建筑,屋顶为卷棚歇山顶,四角飞翘,一半建在岸上,一半伸向水面,凌空架于水波上,伫立水边、秀美倩巧。芙蓉榭面临广池,池水清清,是夏日赏荷的好地方。芙蓉榭临水的门框装有一个雕花的长方形落地罩,前面的河水曲折蜿蜒,把人引入了一种宁静淳朴的自然境界中去,是典型的"框景"造景手法。

芙蓉榭位于拙政园主厅兰雪堂之北,大荷花池尽东头。荷池约略为矩形,东西长、南北窄,故西向的小榭前有很深远的水景。水中植荷,荷又名芙蓉,小榭之名也由此而来。芙蓉榭室内装修也甚为精美,中间置竹节圆台,周围为四只竹节圆鼓凳,梁下悬红木宫灯。榭临水的西面装点有雕刻精美的圆光罩,东面为落地罩门,南北两面为古朴的窗格,颇有苏州园林小筑的古雅书卷之气(见图 3-130)。

图 3-130　拙政园芙蓉榭

（二）北京颐和园的洗秋和饮绿水榭

北京颐和园内谐趣园中的洗秋和饮绿位于曲尺形水池的转角处，洗秋为面阔三间的长方形建筑，卷棚歇山顶，其中轴线正对谐趣园的入口。饮绿为一正方形的建筑，位于水池拐弯的突出部位，它的歇山屋顶变换了一个角度，面向涵远堂方向。二者是以短廊相接的两座水榭，均为歇山屋顶建筑设计于水面，但屋顶互相垂直，所以并没有雷同感，也没有造成构图上的呆板感，而是使游人感觉有景可赏。另外，还有很多巧妙的处理：洗秋为长方形建筑，饮绿为方形建筑；洗秋为红色圆柱，饮绿为绿色方柱，相互陪衬，连成整体，形象小巧玲珑，与水景配合得宜。这样就显得非常灵活（见图3-131）。

（三）余荫山房的玲珑水榭

余荫山房，又名余荫园，玲珑水榭环水而立，俗称八角亭。水榭呈八角形，八面全是窗户，八面通风，八面都能观景。不论是春夏秋冬，人在水榭里都可以尽览全园的景物，是余荫山房最佳的观景地（见图3-132）。

图3-131　颐和园的洗秋、饮绿水榭

图3-132　余荫山房的玲珑水榭

（四）苏州网狮园的濯缨水阁

苏州网狮园的濯缨水阁位于水池南岸面北，池水斜穿建筑底部，使水榭跨水而建，木结构造型具南方传统古典形式，体态轻盈，装饰精细（见图3-133）。

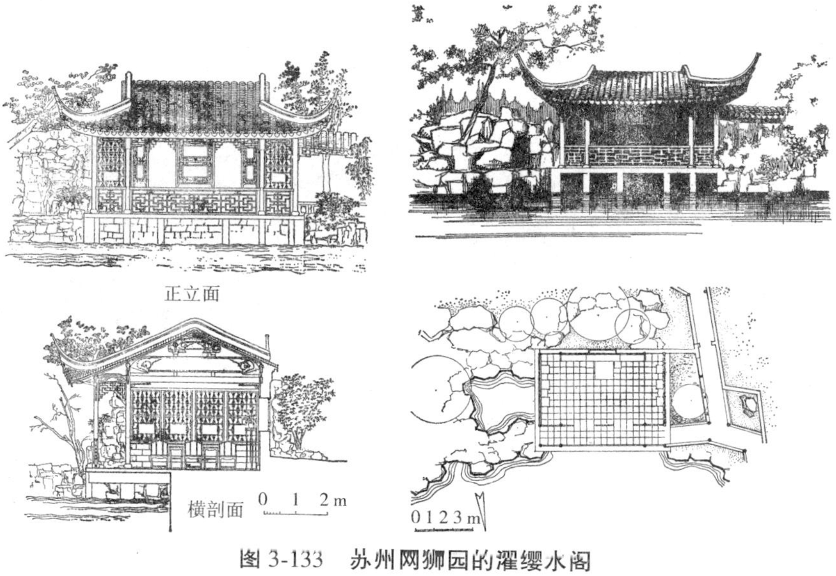

图3-133　苏州网狮园的濯缨水阁

(五)上海闸北公园水榭

上海闸北公园水榭建筑平面为曲尺形平台,平面灵活,临水面设鹅颈靠椅,背面及侧面有少量实墙形成虚实对比。钢筋混凝土结构,主体部分为歇山顶(见图 3-134)。

图 3-134　上海闸北公园水榭

第六节　舫

一、舫的含义

中国江南水乡有一种画舫,专供游人在水面上荡漾游乐之用。江南修造园林多以水为中心,因而造园家创造出了一种类似画舫的建筑形象,游人身处其中,能取得仿佛置身舟楫的效果。这样就产生了"舫"这种园林建筑(见图 3-135)。园林建筑中的舫,是指依照船的造型在园林湖泊的水边建造起来的一种建筑物。它既可供游人在内游赏、饮宴、观赏水景,又能在园林中起到点景的作用。舫最早出现在江南的园林中,通常下部船体用石头砌成,上部船舱多用木构建筑,近年来也常有用钢筋混凝土建造的仿船形建筑。船立于水边,虽似船形但实际不能划动,所以亦名"不系舟"、"旱船"。

图 3-135　舫

舫这种建筑,在中国园林艺术的意境创造中具有特殊的意义,它常是园主人寄托情思的建筑。我们知道,船是古代江南的主要交通工具,但自庄子说了"无能者无所求,饱食而遨游,泛着不系之舟"之后,舫就成了古代文人隐逸江湖的象征。因为古代有相当部分的士人仕途失意,后对现实生活不满,常遁世隐逸,寄乐于山水之间,而他们的逍遥伏游,多半是买舟而往,所以舫在园林中往往含有隐居之意。但是舫在不同场合也有不同的含义,如苏州狮子林,本是佛寺的后花园,所以其中之舫含有普度众生之意;而颐和园之石舫,按唐朝魏征之说:"水可载舟,亦可覆舟",由于石舫永覆不了,所以含有江山永固之意。

二、舫的组成

舫分平舫和楼舫。平舫为单层轩、厅、亭的组合,如南京煦园石舫。楼舫为楼层轩、厅、亭的组合 ,如颐和园清宴舫。还有一种混合舫,即前平后楼,如拙政园香洲。

舫的基本形式与船相似,宽约丈余,一般下部用石砌做船体,上部木构似像船形。木构部分通常分为三段:船头、中舱、船尾。船头(头舱)较高,常做敞棚,供赏景谈话之用,屋顶常做成歇山顶式,前面开敞,设有眺台,船头一侧常置石条仿跳板以连系池岸。中舱作为坡顶,低于船头,为主要空间,是供游人休息和欢宴的场所。其地面比一般的地面略低一二步,有入舱之感。中舱的两侧面,一般为通长的长窗,以便观赏。船尾(尾舱)一般为两层,类似阁楼的形象,下层设置楼梯,上层为休息眺望远景用的空间。船尾尾舱下实上虚,形成对比,其屋顶一般为船篷式或两坡顶式,首尾舱一般为歇山顶式样,轻盈舒展,在水面上形成生动的造型,成为园林中重要的景点(见图 3-136)。

图 3-136　怡园画舫斋

现代新建的舫在形式上有了一些革新和创造,多用钢筋混凝土现浇结构,或者船舱用轻细钢架支承,四周用钢窗大玻璃,也有的仿船形,但完全凌空架于水上,仅重其神似。另外,还出现了舫与榭相结合的形式,如桂林芦笛岩舫。

三、舫的设计要点

舫在设计时应注重神似,其选址宜在水面开阔处,这样既可取得良好的视野,又可使舫的造型较为完整地体现出来。一般两面或三面临水,最好四面临水,其一侧设有平桥与湖岸相连,仿跳板之意,而且要求舫头迎向水流方向设置,另外还需注意水面的清洁,应避免设在易积污垢的水区之中,以便于长久的管理。而今为便于建造同时具有舟船情趣,多将舫筑于岸边,而不直接建于水中。

四、舫的设计实例

在中国江南园林中,苏州拙政园的香洲、怡园的画舫斋是比较典型的实例。北方园林中的舫是从南方引来的,著名的如北京颐和园石舫——清晏舫。

(一)北京颐和园石舫

北京颐和园石舫又名清晏舫(见图 3-137),位于万寿山的西麓岸边。船体用巨大石块雕造而成，全长 36 m。上部的舱楼原本是木构的船舱式样，分前、中、后舱，局部为楼层。船上二层白色木结构楼房，都用油漆装饰成大理石纹样，顶部有砖雕装饰，精巧华丽，是颐和园内著名的水上建筑珍品。舫上舱楼原为古建筑形式，但在英法联军入侵时，舫上的中式舱楼被焚毁。光绪十九年(1893 年)，按慈禧意图，将原来的中式舱楼改建成西式舱楼，并取河清晏之义，取名清晏舫。颐和园清晏舫选址极为巧妙，因为颐和园的后山水面狭长而曲折，林木茂密，环境幽邃，与前山的旷朗开阔有着鲜明的对比，所以从昆明湖上看去，清晏舫很像一条正从湖面开过来的大船，为后湖景区的展开起到了很好的预示作用。

图 3-137　北京颐和园清晏舫

(二)苏州拙政园香洲

拙政园香洲为舫式结构(见图 3-138、图 3-139)，有两层舱楼，通体高雅而洒脱。在中国古典园林众多的石舫中，拙政园香洲被称为是造型最为美观的一个。其船头是台，前舱是亭，中舱为榭，船尾是阁，阁上起楼，线条柔和起伏，比例大小得当。香洲位于水边，正当东西水流和南北向河道的交汇处，三面环水，一面依岸，由三块石条所组成的跳板登“船”。香洲这条旱船，建筑手法典雅精巧，引人入胜，使人感到一种对高洁人格的追寻。

图 3-138　拙政园香洲(一)

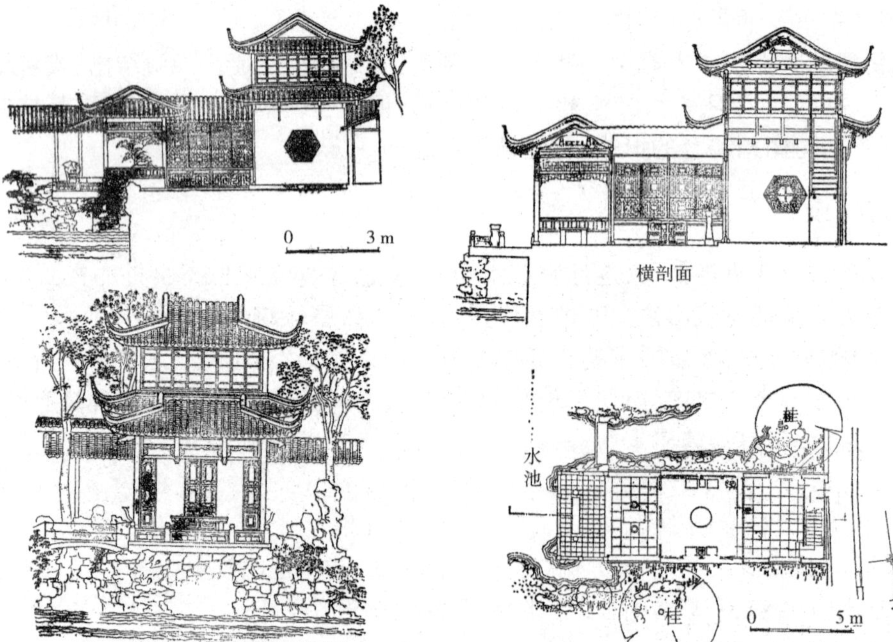

图 3-139　拙政园香洲(二)

(三)苏州怡园画舫斋

苏州怡园的画舫斋在怡园西北(见图 3-140、图 3-141),是建于池水边的船形建筑。其前部平台伸入池水之中,台下由湖石支撑架空,两侧临池之处与其他池岸一样叠石而成,由此三面临水,宛如一叶轻舟,浮于水面之上,轻盈舒展。平台又有一小石桥与池岸相连,仿佛登船的跳板。建筑仿船身样式,分为前舱、中舱、后舱三部分。前舱为卷棚歇山顶敞轩;中舱卷棚顶与前舱同样高低,但坡顶方向与前舱、后舱垂直;后舱上、下两层,重檐歇山卷棚顶,室内以八扇冰纹落地长窗与中舱隔开。画舫斋在环境处理上结合小园地形,平台架空于水面之上,加强了池水的动感,建筑轮廓流畅,整体小巧紧凑,成为怡园西部景色的终端。其室内装修尤为精美,为江南旱船之冠。

图 3-140　苏州怡园的画舫斋(一)

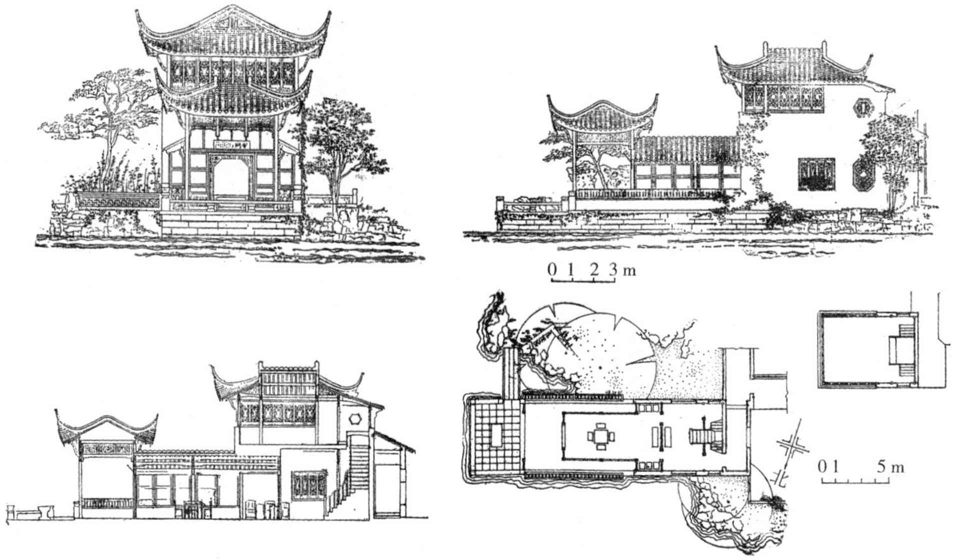

图 3-141　苏州怡园的画舫斋(二)

(四)桂林芦笛岩舫

桂林芦笛岩舫位于芳莲池西岸水中,平面呈十字形,主体与池岸之间以桥、廊相连,临湖平台贴水面而建,与主体平面互相垂直。作为游船码头,底层敞厅做休息及小卖部,二层楼阁及平台做眺望远景。建筑有四个不同标高,空间多变,造型吸取传统舫形式,其体形扁平,接近水面,有漂浮游动之感。此外,有莲叶汀步与对岸相连,自由布局,形式新颖(见图 3-142、图 3-143)。

(五)南京白鹭洲公园鹭舫

全舫三面临水,一面靠岸,船体与平台在平面上交错布置,富有变化,造型及色彩上均体现江南园林建筑的基本特色,造型优美,选址开阔,适于眺览休息(见图 3-144)。

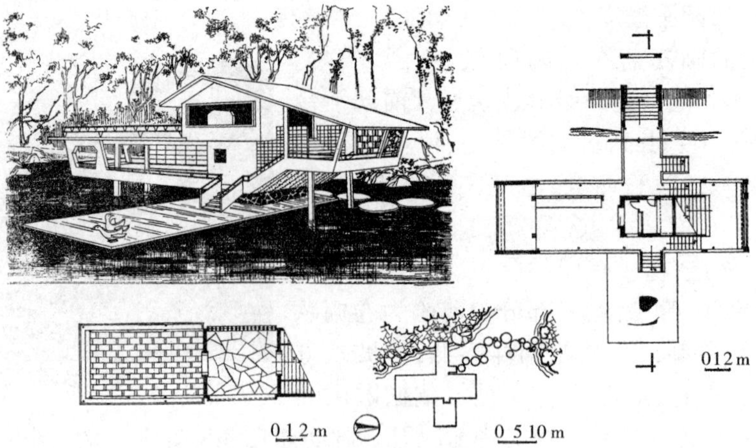

图 3-142　桂林芦笛岩舫(一)

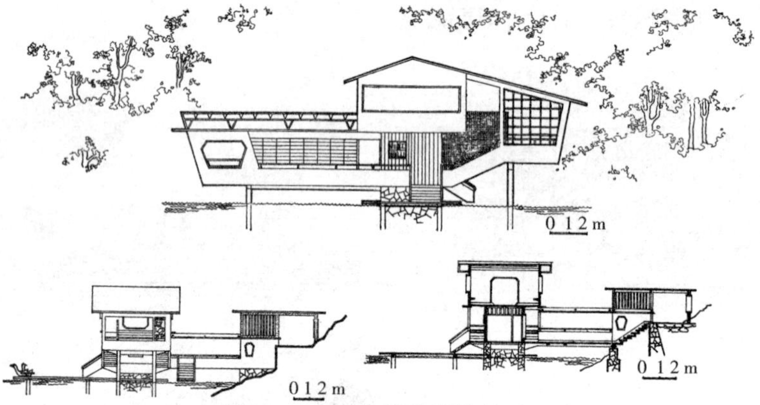

图 3-143　桂林芦笛岩舫(二)

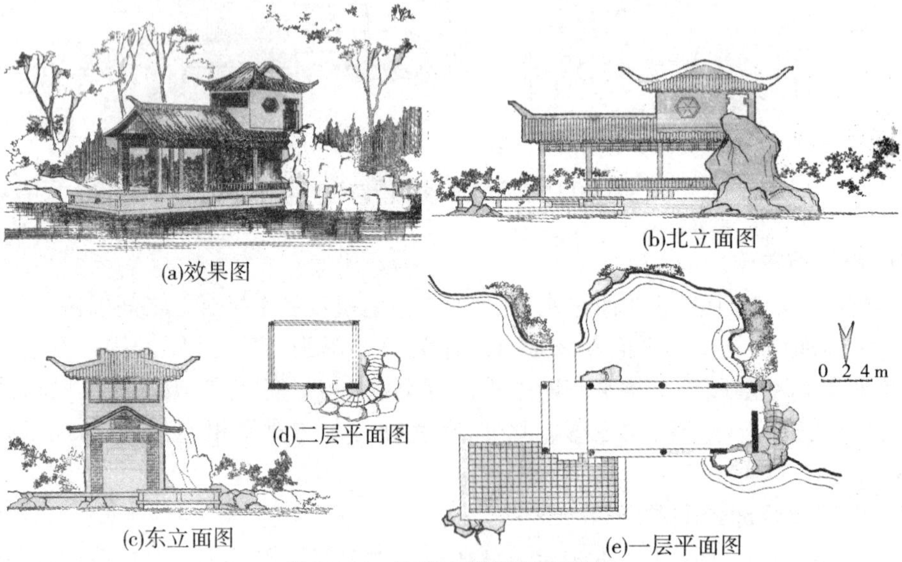

图 3-144　南京白鹭洲公园鹭舫

第七节　桥

一、桥的含义

桥是指架在水上或空中便于通行的建筑物。

二、桥的功能

我国传统园林以处理水面见长，在组织水面风景中，桥是必不可少的组景要素。置于园林中的桥除有联系交通、联系风景点、组织游览路线的功能外，还有观赏、点缀水面景色及增加风景层次等作用。

三、桥的分类

(一)按结构分

1.梁桥

梁桥一般布置在园林中小河、溪流宽度不大的水面上，可设桥墩，形成多跨的梁桥。有木梁桥、石梁桥和钢筋混凝土梁桥(见图3-145)。梁桥外形简单，有直线形和曲折形，比较适合较小的跨度，如北京颐和园谐趣园瞩新楼前跨小溪的石板桥(见图3-146)，简朴雅致。跨度较大的就需设置桥墩或柱，上安木梁或石梁，梁上铺桥面板。曲折形的梁桥，是中国园林中所特有的，不论三折、五折、七折、九折，通称“九曲桥”(见图3-147)。其作用不在于便利交通，而是要延长游览行程和时间，以扩大空间感，在曲折中变换游览者的视线方向，做到步移景异；也有的用来陪衬水上亭榭等建筑物。

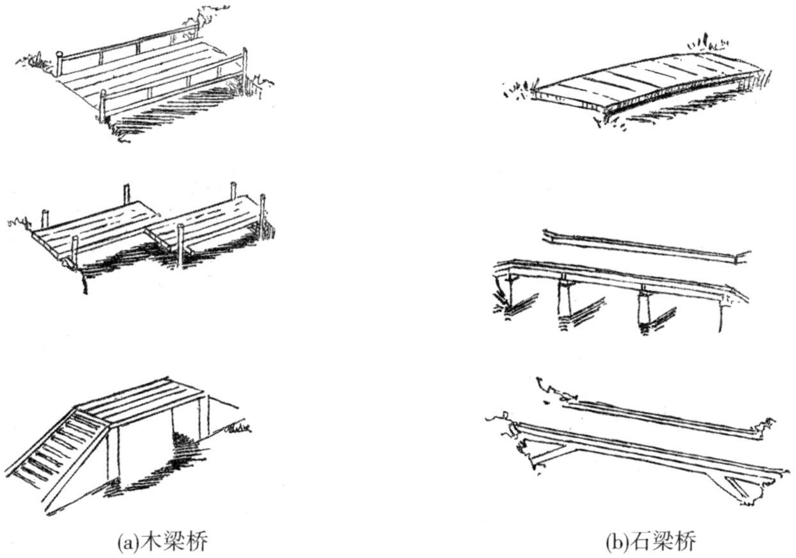

(a)木梁桥　　(b)石梁桥

图3-145　梁桥

图 3-146 颐和园谐趣园的石板桥

图 3-147 九曲桥

2.拱桥

拱桥一般用条石或砖砌筑成圆形券洞,券数以水面宽度而定。其造型优美,曲线圆润,富有动态感(见图 3-148)。单拱的如北京颐和园玉带桥(见图 3-149),拱券呈抛物线形,桥身用汉白玉雕琢而成,桥面呈双向反曲线,组成波形线桥型,配有精制白石栏板,显得格外富丽堂皇,又有水中倒影,成为昆明湖中极重要的观赏点。该桥单孔净跨 11.38 m,矢高约 7.5 m,蛋尖形桥拱,特别高耸,好似玉带。玉带桥的造型具有我国长江三角洲地区石拱桥的风格,以纤秀、挺拔、轻巧为其特色。多孔拱桥适于跨度较大的宽广水面,常见的多为三、五、七孔,著名的颐和园十七孔桥(见图 3-150),长约 150 m,宽约 6.6 m,连接南湖岛与东堤,丰富了昆明湖的层次,成为万寿山的对景。苏州网狮园石拱桥又名引静桥(见图 3-151),以其较小的尺度,低矮的栏杆及朴素的造型与周围的山石树木配合见称。网狮园石拱桥仅 1 m 宽,2.4 m 长,共九级台阶,是精雕细刻的花岗岩石拱桥。侧立则为柔婉的弧形,小小的,曲曲的,妩媚可爱。桥面两侧均有石栏,石栏两端刻有依次递减而连接的三个半圆形,以示桥栏两端美丽而明确的终止。桥面正中,则刻以圆花形浅浮雕纹饰,避免了平板单调。

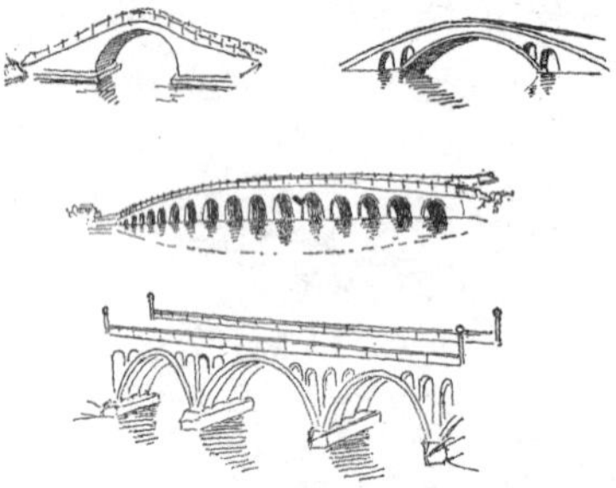

图 3-148 拱桥

图 3-149 颐和园玉带桥

图 3-150 颐和园十七孔桥

图 3-151　苏州网狮园引静桥

3.浮桥

整个桥用竹或木连接在一起,漂浮在水面之上,无桥墩(见图 3-152)。其形式为一面或两面靠岸,可利用船或浮筒代替桥墩,上架梁板,用绳索拉固即可通行。

4.吊桥

吊桥又称铁索桥(见图 3-153)。布置在水中和两山之间,桥下不便设桥墩。

图 3-152　浮桥

图 3-153　吊桥

5.汀步

汀步又称步石、飞石(见图 3-154),是在小溪涧、浅滩中散置的天然石块,用它来代替桥架。浅水中按一定间距布设块石,微露水面,使人跨步而过。园林中运用这种古老渡水设

图 3-154　汀步

施，质朴自然，别有情趣。将步石美化成荷叶形，称为莲步，桂林芦笛岩舫旁就有这种设施。

（二）按材料分

桥按材料分为石桥、木桥、竹桥、铁桥、钢筋混凝土桥等。

（三）按立面形式分

桥按立面形式分为直线型、曲线型、拱弧型，高桥和低桥。另外，为了丰富园桥的立面造型，可设计亭桥和廊桥（见图 3-155）。亭桥和廊桥是指加建亭廊的桥，可供游人遮阳避雨，又增加桥的形体变化。亭桥如杭州西湖三潭印月（见图 3-156），在曲桥中段转角处设三角亭，巧妙地利用了转角空间，给游人以小憩之处；扬州瘦西湖的五亭桥（见图 3-157），多孔交错，亭廊结合，形式别致。廊桥有的与两岸建筑或廊相连，如苏州拙政园“小飞虹”（见图 3-158）。

图 3-155　亭桥、廊桥

图 3-156　杭州西湖三潭印月的亭桥

图 3-157　扬州瘦西湖的五亭桥

图 3-158　苏州拙政园“小飞虹”

四、园桥的设计要点

（一）园桥的设计原则

（1）任何形式的桥梁均应与水流成直角相交为宜。

（2）桥梁的大小，须与跨越的河流溪谷大小相协调，并与联络道路的样式及路幅一致。

（3）桥的造型要美观。

（二）园桥的造型

园桥的造型非常丰富，桥面线型与桥洞线型的不同组合，可以变化出丰富的造型。另外，桥与亭、廊的结合不仅能让游人驻足小憩，在桥上观赏风景，而且其特殊的造型又能达到引人注目的效果。

（三）园桥的体量

（1）我国园桥在体量的大小、高矮上非常悬殊，设计时主要从水体的大小来考虑。桥的布置还与园林的总体布局、道路系统、水体面积占全园面积的比例、水面的分隔或聚合等密切相关。大水面架桥，又位于主要建筑附近的，宜宏伟壮丽，重视桥的体型和细部的表现；小水面架桥，则宜轻盈质朴，简化其体型和细部。水面宽广或水势湍急者，桥宜较高并加栏杆；水面狭窄或水流平缓者，桥宜低并可不设栏杆。水陆高差相近处，平桥贴水，过桥有凌波信步亲切之感；沟壑断崖上危桥高架，能显示山势的险峻。水体清澈明净，桥的轮廓需考虑倒影；地形平坦，桥的轮廓宜有起伏，以增加景观的变化。此外，还要考虑人、车和水上交通的要求。如坐落在宽阔的昆明湖上的十七孔桥，是颐和园园内最大的一座石桥梁。它西连西湖岛，东接廊如亭，飞跨于东堤和南湖岛之间，不但是前往南湖岛的唯一通道，而且是湖区的一个重要景点。

（2）桥的长度至少要够横跨水流，并延伸至岸边硬地，否则几年后水岸边被侵蚀，桥就有下塌的危险。

（四）园桥的栏杆和桥岸

1.园桥的栏杆

栏杆在园林中既能起到安全防护的作用，又能丰富桥体造型。如十七孔桥两边的白石栏杆，共有128根望柱，每根望柱上都雕刻着姿态各异的精美石狮，大小共计544只，十分生动。

2.桥岸

桥与岸相接处，要处理得当，以免生硬呆板。

（五）桥上与桥下的交通要求

桥体尺度除应考虑水体大小、道路宽度及造景效果外，还应满足其功能要求，既要满足桥上行走、通车，又要满足桥下行船的高度、坡度要求；为满足人流集散与停留、观景等要求，常设置亭桥、廊桥及桥头小广场。

（六）园桥的照明

桥上布置园灯，白天起美化装饰作用，夜间起指示桥的位置、照明和安全作用。

五、桥的结构与构造

园桥是由上部结构和下部支撑结构组成的。上部结构包括桥面、栏杆等，是园桥的主体部分，要求既坚固，又美观；下部支撑结构包括桥台、桥墩等，是园桥的基础部分，要求坚固耐用，耐水流冲刷。图 3-159 和图 3-160 是两种常见桥的构造图。

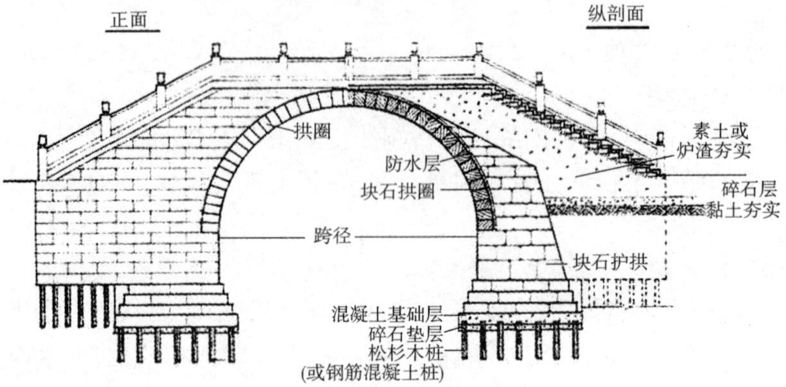

图 3-159　小石拱桥构造

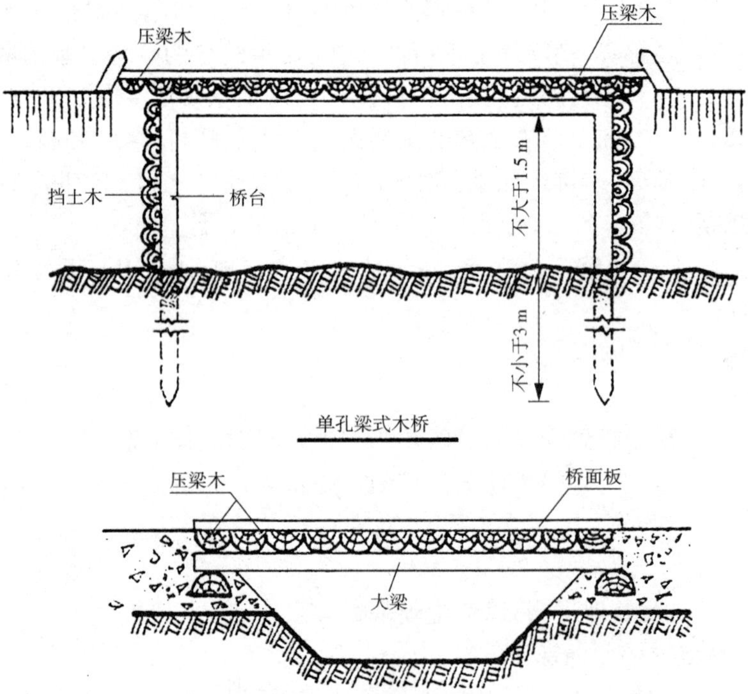

图 3-160　单孔平桥构造

六、桥的设计实例

（一）北京双秀公园仿木拱桥

北京双秀公园仿木拱桥见图 3-161。

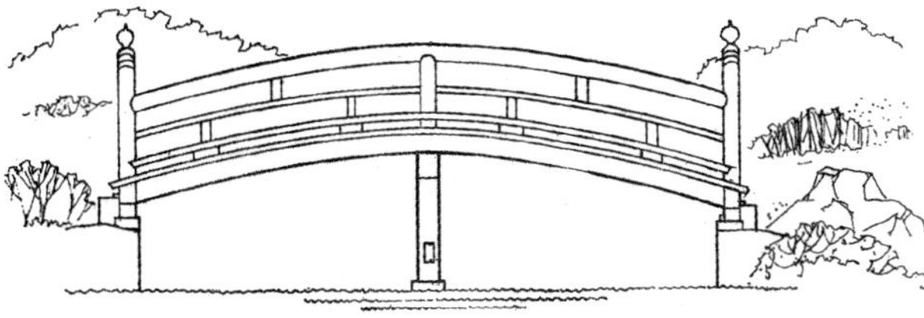

立面图

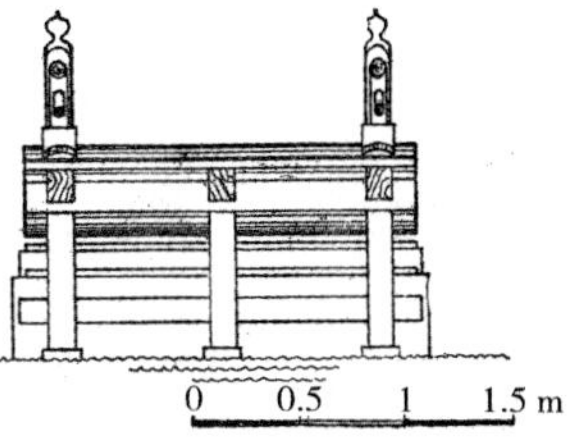

剖面图

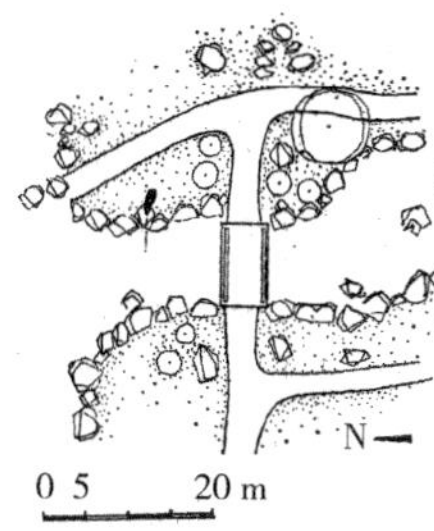

总平面图

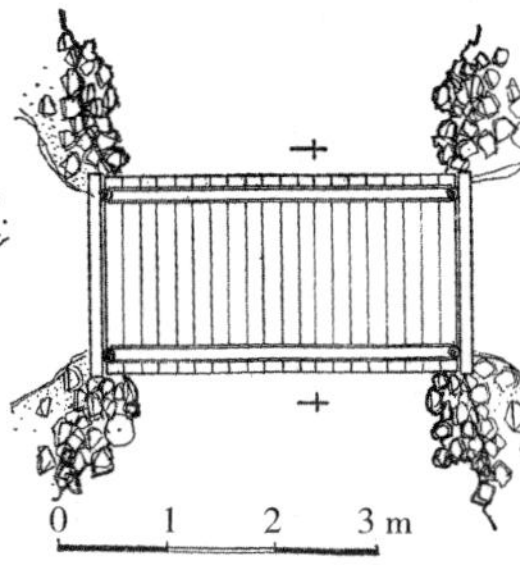

平面图

效果图

图 3-161　北京双秀公园仿木拱桥

(二)天津水上公园拱桥

天津水上公园拱桥见图 3-162。

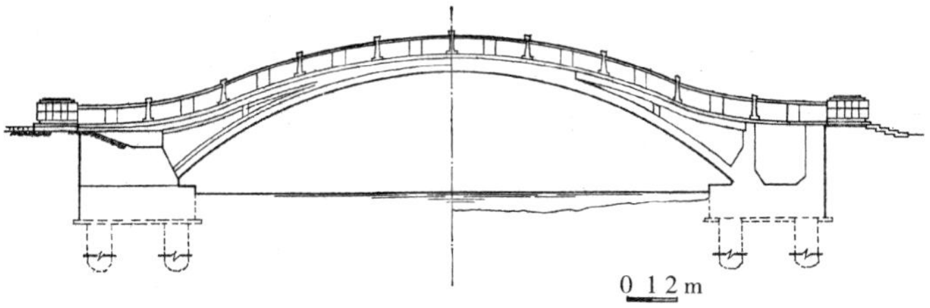

立面图

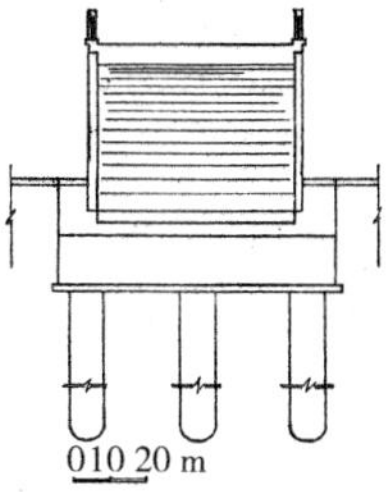

剖面图

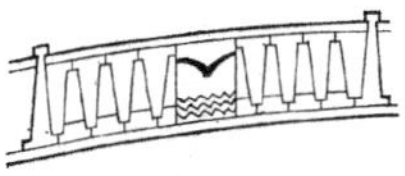

栏杆大样

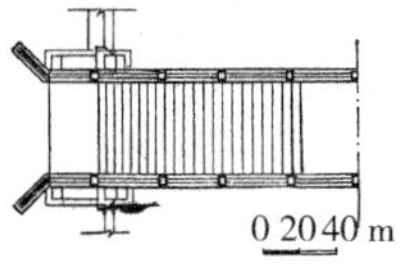

平面图

效果图

图 3-162　天津水上公园拱桥

第四章　服务性建筑

第一节　园林展览馆

一、园林展览馆的功能

（一）展览陈列的功能

展览馆是用来展览陈列各类艺术品、动植物标本、文物、化石等展品的建筑物，展览陈列是展览馆的最基本功能。园林展览馆一般展出的是与所在园林相关的各类艺术品、标本、文物等展品，这些展品或是具有地域特色，或是具有历史价值。无论哪一种形式，这些展品都承载着文化信息。因此，园林展览馆提升了园林的文化品位，丰富了园林的景观层次。

（二）点缀园林景观

园林展览馆建在园林中，就要从属于园林，与其他造园要素一起融合在整个园林中。作为园林建筑，园林展览馆必须成为园林中的一处景点。要实现这一目的，有两点非常重要：一是展览馆在风格上要与园林整体相协调；二是展览馆的造型设计要有个性。做到这两点并不容易，需要设计者不断参与设计实践才能把握。

二、园林展览馆的分类（依据内容分）

（一）艺术品展览馆

艺术品展览馆是现代园林中的重要内容，主要用于展出各种书画作品、工艺美术品等（见图 4-1）。

图 4-1　上海大学美术学院

（二）纪念类展览馆

纪念类展览馆主要以名人、遗址、历史遗迹、文物等收藏为主，以整体的纪念意义为主要脉络，如名人纪念馆、考古公园等（见图 4-2）。

图4-2 浙江叶浅予纪念馆

（三）民俗文化展览馆

民俗文化展览馆展出的内容以风土人情为主。民俗文化展览馆的建设，由于其对地方特色文化的体现，往往具有强烈的民族特色。一般展出的内容为地方的传统生活方式、历史、社会习俗等（见图4-3）。

图4-3 苏州博物馆

（四）动、植物类展览馆

园林中有各种各样的温室。温室与其他展览室不同，在建筑外观和立面上区别很明显。园林温室的一个重要功能是给游人展出活生生的植物标本，从这一点上来说，园林温室也应算做展览馆。动物园中的动物馆是常见的动物展示类建筑，常见的有鸟禽馆、水族馆等。这类展览馆多建在动物园、植物园中（见图4-4）。

图4-4 北京植物园大温室

（五）科技类展览馆

一般的科技类展览馆都是以普及科学知识为主，并可能运用科技来构建室内外空间，形成具有特色的建筑造型。展示内容更多地考虑观众的参与，包括可能的试验与体验。由于科技馆需要反映时代科技，因此经常更新，这就要求设置相应的多功能展览厅、实验室和交流的空间（如会议室、报告厅）（见图 4-5）。

图 4-5　北京植物园植物科普馆

三、园林展览馆的设计要点

（一）位置选择

园林展览馆用地应该位于园林主路的旁边，迎合主要人流，便于机动车停靠；建筑用地应尽量平坦，便于人流集散；建筑用地周围环境要相对安静，便于游人对展品静心品味赏玩。

（二）造型设计

造型设计应该把握三点：第一，展览馆的建筑风格应该与园林的整体风格一致。第二，展览馆的外部造型应该反映展览陈列的内容，也应具备博览类建筑的特点。通俗地讲，就是我们看到展览馆的外形，就能明白它是展览馆，而且能大致推测出展览陈列的内容。如果做不到这一点，建筑设计作品就不是一个好的设计作品。第三，造型设计要有个性。所谓个性，是指建筑的特殊性，即该建筑区别于其他建筑的属性。如果建筑缺乏个性，就容易使建筑庸俗化，不能引发游人的兴趣，当然，更谈不上深刻印象了。建筑个性的塑造绝不是毫无根据的标新立异，而是从我国传统建筑文化、西方优秀建筑实例、各具特色的地方民居中去发掘的（见图 4-6）。

博览类建筑的一个显著特征是：立面上以实体墙为主，开窗较少，而且开窗多为高侧窗，原因一是展览需要大量的实体墙做背景，二是博览类建筑室内需要柔和的光线。

（三）建筑体量

园林展览馆体量不宜过大，一般根据园林规模确定展览馆的体量。当建筑体量较大

图4-6　日本美秀美术馆

时，建筑布局宜采用分散布局。

（四）功能布局

园林展览馆的功能布局一定要符合博览类建筑的内部功能要求，各个功能单元要相得益彰。表现在形式上，主要是解决好流线、光线、视线“三线”的问题。流线指的是人流的活动路线，对于流线的具体要求是顺畅、短捷，不同的流线不相互干扰；光线指的是光的照射方向，对于光线的具体要求是光线柔和、避免阳光直射展品、白天尽量用自然光照明；视线指的是游人看展品的视线，对于视线具体要求是选择合理的视角和视距。

1. 展览馆对光线的要求

展览馆对光线的要求较高，主要表现在两个方面：舒适性和安全性。展览空间的自然采光要求照度均匀，没有眩光，明度适宜，因此北向是最佳朝向。通常，采光面积一般为地板面积的1/4～1/2。避免眩光，即在视觉范围内没有发光体存在。展览空间中还要防止有害辐射对藏品产生危害。辐射会引起光化学反应，对藏品造成破坏，因此应该控制合理的照度。库房应该用低照度的光源，而且应避免任何形式的光线直射。建筑设计上要考虑库房的防晒避光，具体设计时可以在采光口设置遮阳板、散光片或电动控制的各种调节设备。

2. 展览馆对视线的要求

展览馆对视线的要求具体表现在水平视角和垂直视角的控制。水平视角，通常人们清晰的视域范围在60°左右，理想的角度是45°，当视距为270 cm时，单位陈列宽度是225 cm，一般陈列展品宽度是150 cm，其余是展品间隔。这时展品陈列宽度恰好在水平视角30°范围内，这一范围内观察对象的清晰度最高，故又称注视中心。垂直视角，通常观赏对象高与视距之比采用1∶2，反映到垂直视角上是27°。垂直视角仅仅反映出视平线以上27°的范围，当人们观察正面的物体时，还有一个向下的倾角，约6°，也就是说，在竖直方向上，理想的视角是33°左右。

3. 展览厅的布置形式

展览厅是展览馆最主要的部分，它的布置形式有串联式、放射式、大厅式三种（见

图 4-7)。

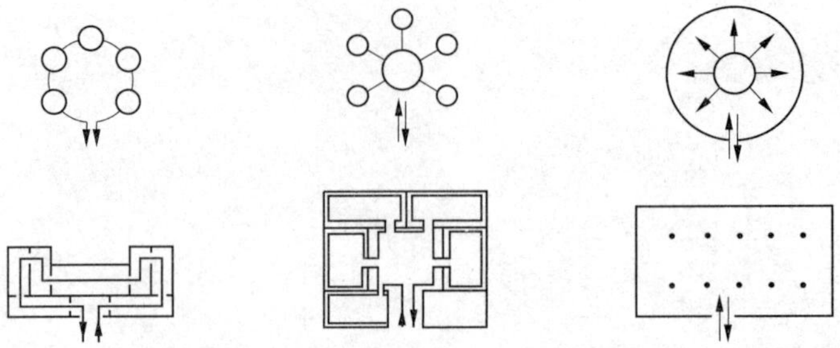

(a)串联式展览厅 (b)放射式展览厅 (c)大厅式展览厅

图 4-7 展览厅的布置形式

(1)串联式展览厅。参观路线连贯,方向单一,国内多为顺时针进行,适合连续性强的展出,如历史类展览馆。

(2)放射式展览厅。各陈列室环绕放射枢纽布置,观众参观完一个或一组陈列室后,回到放射枢纽,再到其他陈列室。

(3)大厅式展览厅。利用大厅综合展出或灵活分割成小空间,布置灵活、流线自由,如展览中心。

四、展览室的内部功能构成

园林展览馆一般体形小,功能简单,但至少由四个基本功能部分组成(见图 4-8)。

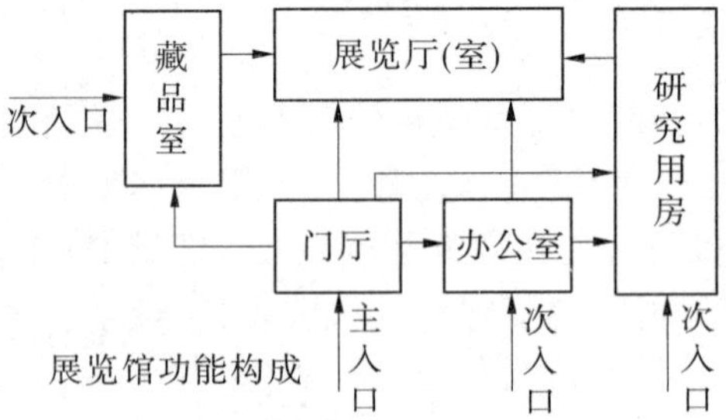

图 4-8 园林展览馆的功能布局

(一)展览厅(室)

展览厅(室)是展览馆的主体空间。作为大型公共建筑的展览馆一般开间不小于 7 m,跨度也不小于 7 m,净高一般为 4 ~6 m;园林展览馆的开间、跨度、净高可以适当减小。

(二)藏品室

藏品室单独设门对外联系,尽量少开窗,以免阳光射入和温、湿度变化较大。

(三)办公区

办公区主要是对外接待、对内管理。

(四)门厅

门厅主要有缓冲区、过渡区、交通枢纽。

藏品室、办公区、门厅三个部分要以展览厅为中心,为展览厅服务,展览厅空间大,室内净高较高,藏品室、办公室、门厅空间小,净高较低。

五、设计实例

（一）植物标本陈列馆设计

1. 设计条件

选址位于一处林中平地，基地南侧有一条 3 m 宽的园路斜穿而过。

现状条件包括：一组由 10 根钢筋混凝土柱组成的 4 开间等距柱网，一个高度为 7 m 的砖砌体结构，一段毛石砌成的矮墙和数株小乔木。

2. 设计要求

设计者应以给定条件展开设计，对现有内容可作局部调整，适当加以挖补增减，但不得推翻重来。

重点处理好新增维护部件与已有支撑结构的关系，妥善解决单层骨架部分与二层砖砌体部分的衔接与交通。

平面应有明确分区，并形成良好的展览组织和空间关系。墙体注意材料搭配，延伸及开口方式应兼顾采光与造型，并形成与外部自然风景的有机联系。

3. 设计内容

设计内容有门厅 20 m²、陈列室 100 m²、接待室 30 m²、办公室 20 m²、加工室 15 m²、库房 15 m²、厕所 20 m²（其中，男厕 2 个大便器，2 个小便器，女厕 2 个大便器；洗手池和拖布池各 1 个），交通及其附加面积酌情自定（见图 4-9、图 4-10）。

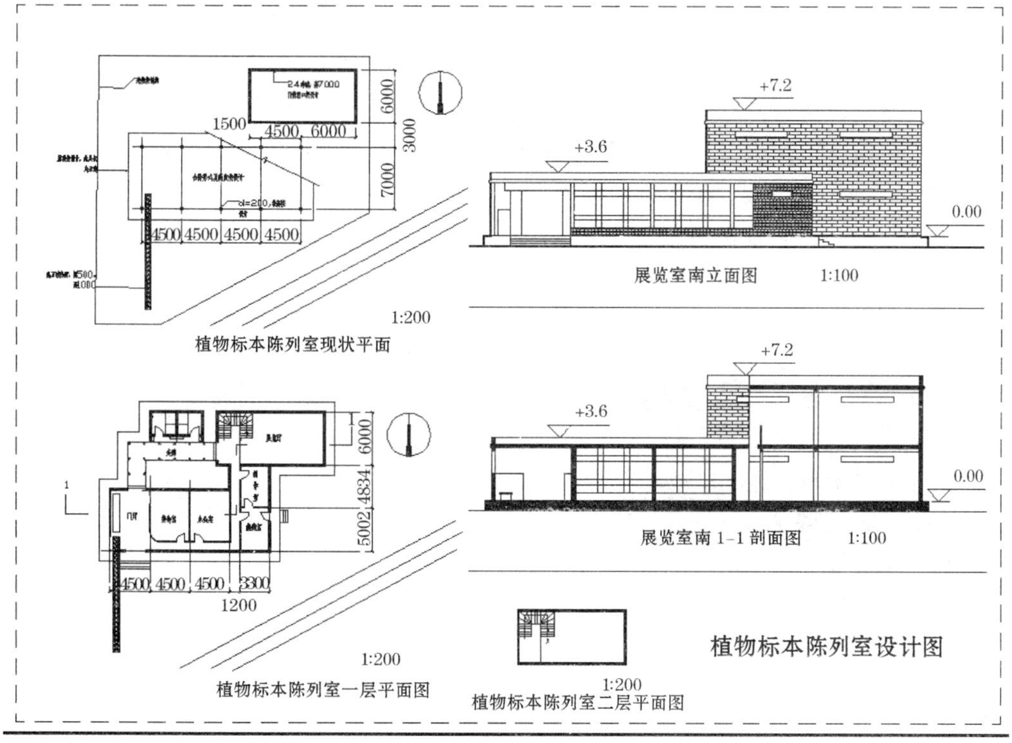

图 4-9 植物标本陈列室平、立、剖面图

图 4-10　植物标本陈列室效果图

点评：该设计布局合理，基本解决了新老建筑结合的矛盾，对建筑的各个部分的关系进行了深入思考，但建筑结构仍有不清晰的地方，需要进一步完善，展览厅窗户立面与效果图不符。

（二）邓小平故居陈列馆

邓小平故居陈列馆位于四川省广安市广安区协兴镇牌坊村邓小平故里邓小平故居旁。陈列馆总建筑面积 3 800 m^2，展厅面积 1 800 m^2，展线近 300 m，内部分序厅、三组展厅（即新民主主义、社会主义、改革开放时期），以及影视厅、缅怀厅、休息长廊、办公接待室等。整个建筑布局采用了以集中为主的布局方式，围合了小规模的绿色庭院。

内部功能以门厅、序列、缅怀厅为主轴线，其余管理、音像、展厅围绕中轴呈放射状布局。展厅的布局采用了串联的方式，同时外环通廊，使展示空间序列具有一定的灵活性。造型上采用四川传统建筑中精炼的直线与弧线，通过交替、重叠、三落三起、四面八方的方式组合。陈列馆一字排开，3 个青瓦坡形屋面，三叠三起，一起比一起高，最后耸立起一座丰碑，蕴寓邓小平三落三起的传奇人生和丰功伟绩。同时，以挺拔示刚、弧曲显柔的建筑语言，以硬质的石材、软性的木材结合运用的手段，来寓意小平的人格魅力，塑造建筑的个性特征（见图 4-11 ~ 图 4-16）。

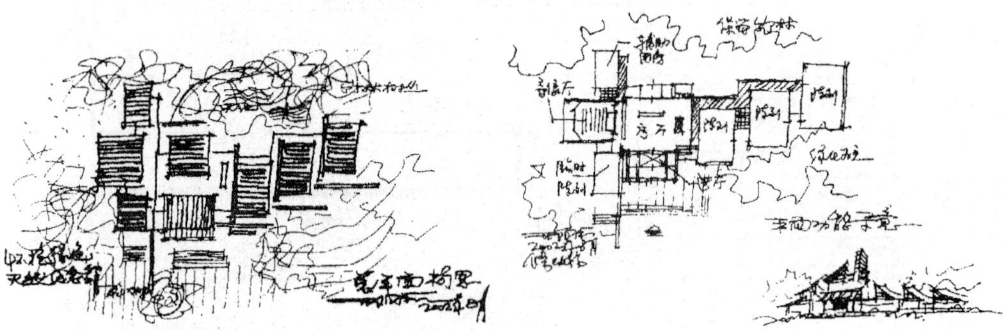

图 4-11　构思草图

图 4-12　总平面图

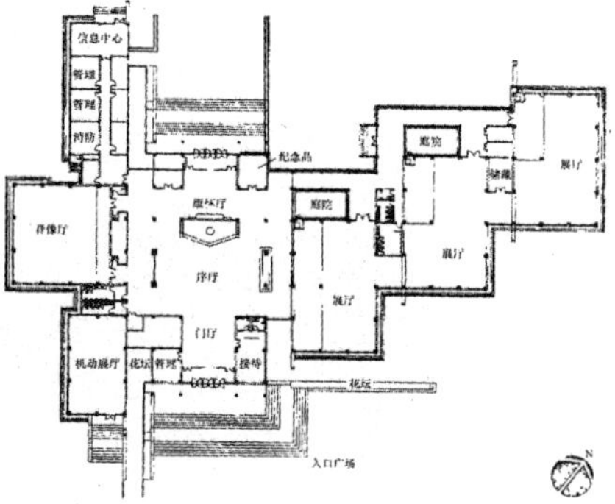

图 4-13　平面图

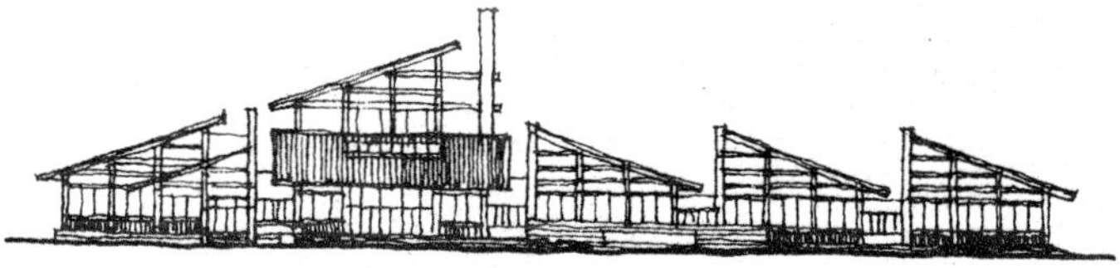

东南立面图

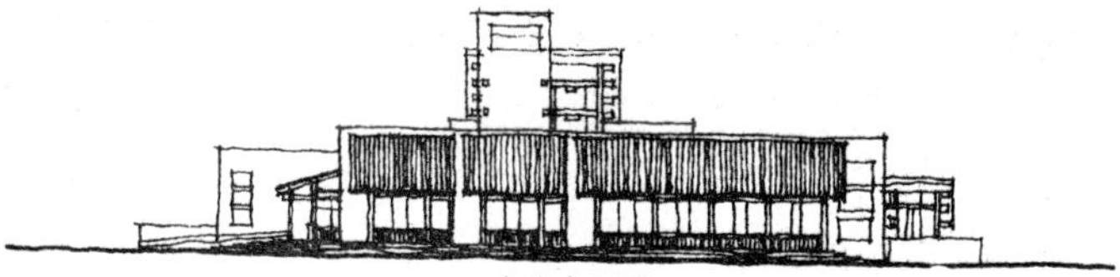

东北立面图

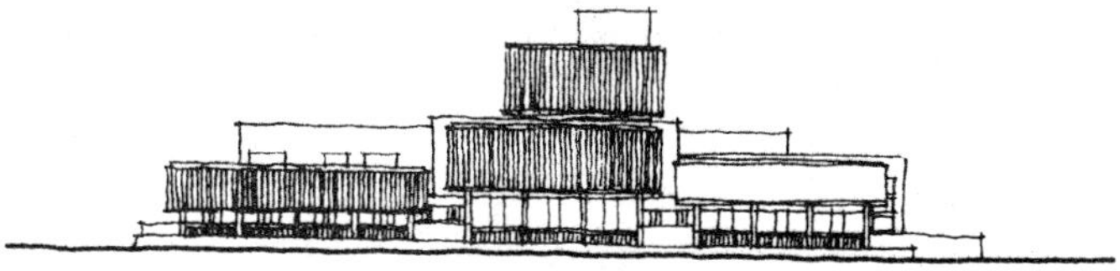

西南立面图

图 4-14　各立面图

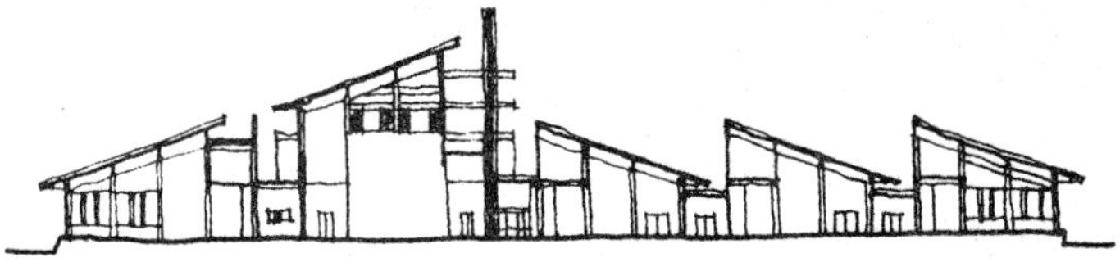

图 4-15　剖面图

图 4-16　建成效果图

第二节　餐饮类建筑

一、餐饮类建筑的功能

(一)为游人提供吃饭、饮茶的场所

当园林规模较大时,园林中需要设置餐厅、茶室等建筑。游人在园林中不能一直游走赏景,疲劳时,需要休息,补充能量,因此餐厅、茶室存在于园林中就是理所当然的了。游人在饮茶、吃饭时,一方面可以得到休息,另一方面可以了解更多的“饮食”文化。

(二)点缀园林风景

“点景”是所有园林建筑都应具备的基本功能,餐饮类建筑也不例外,也应该能够点缀园林景观。这就要求建筑本身具有观赏性。

(三)观赏园林风景

园林中的餐厅、茶室不能只满足于吃饭、品茶,还必须让游人能够欣赏园林景致。这就要求餐饮类建筑四周应该有较好的景观,建筑立面以开敞为主,便于观赏。试想,四周峰峦起伏,烟波浩渺,三五小舟荡于水面,微风拂面,几个朋友围坐桌旁,享受名茶美食,谈天说地,何等惬意。这样,风景与饮食在茶室、餐厅中就交融在一起了。

二、分类

(一)餐厅

餐厅建筑营业部分按餐厅规模的大小、经营内容的不同,往往又分中餐厅、西餐厅、风味餐厅、咖啡厅、小餐厅、酒吧、多功能厅等。高档餐厅往往还设有陪同餐厅、相应的前室、过道、卫生间、儿童活动场地等(见图 4-17)。

(二)茶室

茶室作为文化的载体,有脱俗的特征,所谓茶禅一味。景观环境中的茶室具有多种类型,依据饮品种类的不同,有茶室、咖啡室、冰室等,有些茶室还可供应简餐,即具备简单的就餐功能。由于建筑体量相对于餐厅通常要小,因而茶室建造便于选取山水佳境,依山傍水而筑,茶室建筑多与庭院相结合。我国的《茶疏》中提倡茶应“高燥明爽”、避免“闭塞”,这是传统的茶室设计应当考虑的基本景观特征。

图4-17　广州荔湾湖公园唐荔苑酒家

三、设计要点

(一)位置选择

景观环境中的餐饮建筑选址极其重要,一方面,建筑选址应随形就势,与环境景观充分融合,为环境增色;另一方面,必须切实保护环境,避免对环境构成负面影响。个性化设计、特色化景观环境及文化内涵是园林建筑吸引游客的重要因素。

餐饮类建筑宜选择园林主路的旁边,迎合主要人流,便于游人使用,也方便原料、垃圾的出入;用地周围最好风景优美、环境宜人,山水相映的地方更好;视野开阔,便于眺望;用地相对开阔、平坦等。

(二)建筑造型

建筑风格与园林整体协调一致,在统一的前提下,要突出建筑的个性;园林餐饮类建筑在立面上以开敞为主,通俗地讲,就是建筑窗比较多,甚至是只有几根细柱支撑着屋顶。

(三)建筑体量

严格控制体量,不宜过大,竖向上,一般不超过三层;平面上,分散布局为好。如果一个高层、大体量的饭店建在园林中,那么谁是主体、谁是重点?园林的整体效果可想而知。

(四)功能布局

餐饮类建筑的功能布局主要是处理好“三条线”的关系,不交叉,不相互干扰。所谓三条线指的是客流、内部人流、物流(食品等从原料到成品的流程),其中“物流”一定按食品、饮料的加工程序布置。

四、餐饮类建筑的内部功能构成

园林中的餐饮类建筑规模较小,功能相对简单,下面分别介绍餐厅、茶室的内部功能构成。

(一)餐厅

餐厅最基本的组成部分包括用餐、备餐、管理、门厅四个部分,其中备餐部分最为复杂,根据餐厅的规模可繁可简。备餐部分要紧邻用餐部分,备餐用房的各房间一定按食品加工流程布置(见图 4-18)。

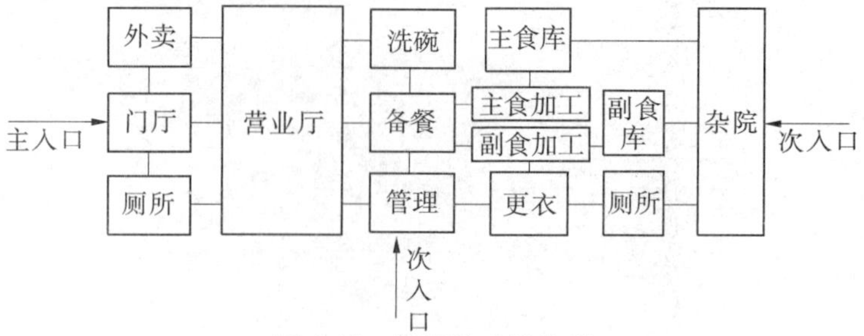

图 4-18 餐厅的功能构成

1. 营业部分

营业部分的设计是餐厅设计的主要环节,其布局主要取决于室内餐厅空间与家具等设置,常见的餐厅可分为小包间、半开敞式厢座及大厅等形式。心理学家德克 · 德 · 琼治在对餐厅与咖啡厅做专题研究时发现,靠墙、靠窗的座位深受顾客欢迎,因为这些位置让人感受更为安全且能观赏室外空间,因此餐厅空间组织应充分利用墙、隔断、花池、地台、栏杆等营造有依托的就餐环境,尽量减少四不靠的餐位数量。

餐厅室内空间的虚实、封闭或开敞到何种程度,以使用需要、气候条件、外部环境为依据。有些空间,如大堂、餐厅、茶室等,可以把人们的视线引向室外景观,使有限的室内空间具有不尽之意。引入自然因素,将花草、山石、树木、水体等引入餐厅建筑空间,赋予建筑室内空间以勃勃生机与情趣。

景观餐饮建筑以自然采光和自然通风设计为主。在考虑景观朝向的同时,主要建筑尽量南向,以争取更多的采光,并且主要建筑的开窗应与自然风道相适应,例如采取风车平面、庭院空间等解决建筑自然采光和通风问题。另外,餐饮建筑室内色彩设计应以明朗轻快的色调为主,其中以橙色和黄色等暖色调最适用。

2. 厨房及加工用房

1)厨房

厨房功能较复杂,流线特殊。主副食品洗、切、配成半成品的生料,再行煎炒、熘炸、蒸煮、烧烤等热加工成为食品。根据加工方式的不同,厨房分别设有副食加工间、烹调间。良好的厨房工作环境是厨房员工悉心工作的前提。从创造空气清新、安全舒适和操作方便生产的角度出发,充分计算和考虑各种参数、因素,进行设备选型和配备,将厨房设计成先进合理、整齐舒适的工作场所。

厨房包括中餐厨房、西餐厨房、风味厨房、咖啡厨房及与厨房有关的粗加工、冷饮加工、储藏冷库、厨工服务管理用房及相应的过道、卫生间等。一般酒店都会按照不同的要求,分别设有中、西餐厅,不同类型的餐厅都设有相应的厨房,以及相应的库房、粗加工操作间、细加工操作间等。通过科学管理,不同餐厅的库房也可以共同使用,这种功能的整合可以节约空间,经济上也更合理。

在厨房照明设计中,厨房的灯具布局整齐,照明重实用,主要指临炉炒菜要有足够的灯光以把握菜肴色泽,案板切配要有明亮的灯光以有效防止刀伤和追求精细的刀工,出菜料理台上方要有充足的灯光等。

厨房布局有封闭式与开放式两种。封闭式是指厨房与营业部分严格分开。备餐间位于厨房与餐厅之间。由于备餐间的隔离,厨房的加工过程始终处于封闭状态,与就餐区的客流严格分开。这样分的好处是加工与营业部分互不干扰,从而营业部分空间整洁、易于设置。中餐烹调由于煎炸居多,废油气多、噪声大,因而通常需将厨房与其他部分相分隔。

开放式厨房即不将厨房与营业空间严格隔离。如部分茶餐厅、小吃店、快餐厅等采取开放式布局,尤以西式快餐厅居多,客人可以看见食品的精加工过程,强化加工过程的透明度,增强消费者购买欲。服务形式活泼,装饰色彩亮丽,动感十足,富有情调。开放式布局适合用做西餐、自助式餐厅等。餐馆设计明厨、明档,是餐饮业发展到一定时期的产物,但要注意避免因此设计而增加的油烟、噪声和有碍观瞻场景,通常只将食品生产的最后阶段做展示性的明厨设计。

2)备餐间

备餐间位于厨房与餐厅之间,交通空间必须导向明确,避免流线交叉。空间组合灵活,室内外空间统筹设计。备餐间起到将厨房加工的食品向餐厅输送的过渡作用。备餐间设有备餐台、预备台、餐具柜、洗涤水池、冷柜、酒柜等,倘若备餐间与厨房不在同一楼层需要设食梯,大型餐厅将主食与副食备餐分开设置。简易餐厅、快餐厅常不设备餐间,但设有备餐台,常用恒温台,保证食品处于加热或冰镇状态,以方便顾客取用。

3)洗碗间

洗碗间的位置,以紧靠餐厅和厨房,方便传递用过的餐具和厨房用具为佳。洗碗间与餐厅保持在同一平面上,主要是为了减轻传送餐具员工的劳动强度。当然在大型餐饮活动之后,用餐车推送餐具,这也是前提条件。洗碗间应有可靠的消毒设施。洗碗间不仅承担清洗餐具、厨房用具的责任,同时负责所有洗涤餐具的消毒工作,因此洗碗间的通、排风效果要好。

3. 库房及辅助部分(卫生间、管理用房)

1)库房

通常餐厅建筑的库房分主食库与副食库两大类,副食库设有冷柜等冷藏设备,大型餐厅还设有燃料库等专用库房。

大型餐饮建筑根据餐饮种类的不同往往分别设有中、西餐厅库房,用以储存相应的原材料。库房应便于运输,同时需与加工、厨房操作间等相邻,以便于使用。

2)卫生间

卫生间是餐饮建筑中不可或缺的组成部分。卫生间的布局要求既方便客人使用,又与餐饮营业部分有所隔离,可以通过设计前室和隔断加以隔离、隐蔽。卫生间通常分为门厅、大小便区、洗手区等。卫生间人流较大,人群复杂,因此多用蹲便器,个别可采用坐便器以方便残疾人使用,同时应配备手纸等卫生用品。地面需抬高 15 cm 左右,以利于设置同层排水。室内设计可根据环境的不同采取个性化的处理方式,大多采用陶瓷卫生洁具以便于清洁。在可能的前提下,尽可能使用自然通风,必要的话可以采取机械通风,以保证卫生间的室内空气清晰。

（二）茶室

茶室的功能构成与餐厅基本相同（见图 4-19）。

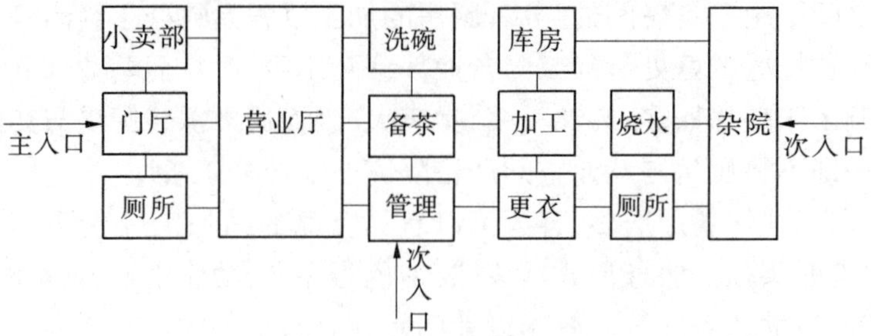

图 4-19　茶室的功能构成

1. 营业部分

营业厅是茶室建筑最主要的组成部分，营业厅又分为大厅及包间，以分别满足不同顾客的需要，营业厅往往具有最好的景观朝向，面向风景最佳地段，光照适中，适宜于较长时间停留。

一般茶室营业厅面积约以 1 m^2/座计算，布置方式、桌椅安放既要考虑观景，又要求便于人流疏散、供茶。餐桌布置要注意朝向，同时应尽量注意客人主要出入流线与服务人员供应流线不交叉，可共同使用以减少交通面积。

1）大型茶室

（1）茶室。可由大厅和小包间构成。视建筑的结构可分设散座、厅座、卡座及包间，茶艺馆在大厅中往往设有茶艺表演台，小包间中不设表演台而采用桌上服务表演。

（2）散座。在大堂内摆放圆桌或方桌，每张桌视其大小摆放 2 ~ 6 把椅子。桌子之间的间距为两张椅子的侧面或背面宽度加 80 cm 宽，使客人自由出入。

（3）厅座。在一间厅内摆放数张桌子，距离同上。厅四壁饰以书画条幅，四角放置四时鲜花或绿色植物，并辅以厅名。最好能布置出各个厅室的独特风格，配以相应的饮茶风俗，令人有身临其境之感。

（4）厢座。类似西式的咖啡座。每个厢座设一张小型长方桌，两边各设长形高背椅，以椅背作为座与座之间的间隔。每一卡座可坐 4 人，两两相对，品茶聊天。墙面以壁灯、壁挂等作为装饰。

（5）包间。用多种材料将较大的空间隔成一间间较小的房间，房内只设 1 ~ 2 套桌椅，四壁装饰精美，又相对封闭，可供洽谈生意或亲友相聚。一般需预先设订座，由专职服务人员布置和服务，房门可悬挂提示牌，以免他人打扰。

2）小型茶室

（1）品茶室。可在一室中混设散座、卡座和茶艺表演台，注意适度、合理利用空间，讲究错落有致，各有其长。

（2）开水房及茶点房。在品茶室中设柜台替之，保持清洁整齐即可。

根据茶室内部布局风格的不同，茶室又可分为中式、西式及和式等风格。由于园林建筑的特殊性，茶室的室内布置应突出自然之趣，室内家具多用木、竹、藤、石等自然材料，空间质朴。将室内环境室外化，与外部景观相协调。

2. 辅助部分

操作间、库房、卫生间等辅助部分布局要求隐蔽，尽量避开主入口、主要景观面，但也要有便捷的供应道路运送货物。这部分辅助用房通常包括烧水间、储存货物仓库、卫生间、值班室（管理室）及堆放燃料等的杂物院等，建筑宜隐蔽处理，注意上下水，建筑应靠近园外水电、热等公共设施。热加工最好利用污染少的液化气、电气设备，避免影响景观环境。

1）茶水房

茶水房应分内、外两间。外间为备茶室，面对茶室，置放茶叶柜、消毒柜、冰箱等。里间安装煮水器（如小型锅炉、电热开水箱、电茶室等）、热水瓶柜、水槽、自来水龙头、净水器、储水缸、洗涤工作台、晾具架及晾具盘。

2）茶点房

茶点房亦分成内、外两间。外间为供应间，面对茶室，放置干燥型及冷藏保鲜型两种食品柜和茶点盘、碗、筷、匙等用具柜。里间为特色茶点制作工场或热点制作处。若不供应此类茶点，可以简略，只需设水槽、自来水龙头、洗涤工作台、晾具架及晾具盘即可。

五、设计实例

（一）天津水上公园茶室

该茶室位于公园主路一侧，紧贴湖岸。为顺应地形，建筑布局为弧线形半开放空间，利用北面高地布置成假山，使建筑处于背山面水的优美环境中。内庭水池、方亭等更增加空间层次，南面防波堤深入湖中，引导游人濒水远眺（见图4-20～图4-22）。

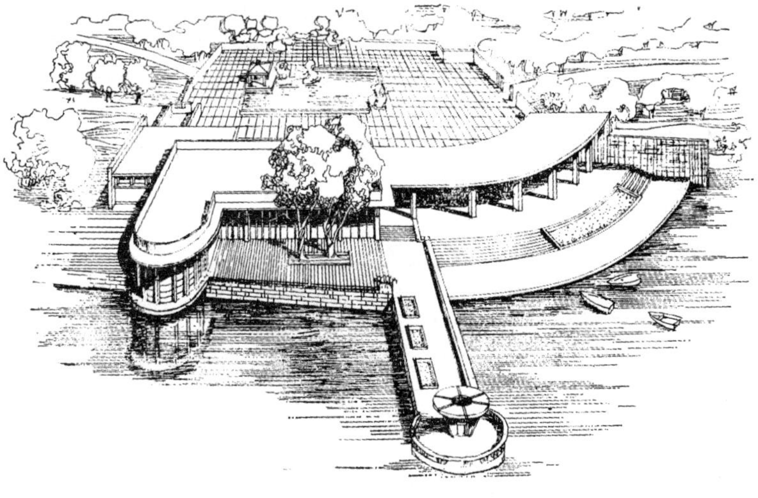

图4-20　鸟瞰图

（二）大丰市银杏湖公园餐厅

该餐饮位于大丰市银杏湖公园东北部，毗邻北入口。东侧与北侧邻近城市道路，西侧与南侧面向银杏湖公园，交通便利，景观环境优越。北侧及南侧分别设有主次入口，东侧为后勤专用出入口，分别满足游人及后勤人员出入。

餐厅总平面采用不规则庭院布局形式，一层通过庭院组织茶室、餐厅、厨房等功能空

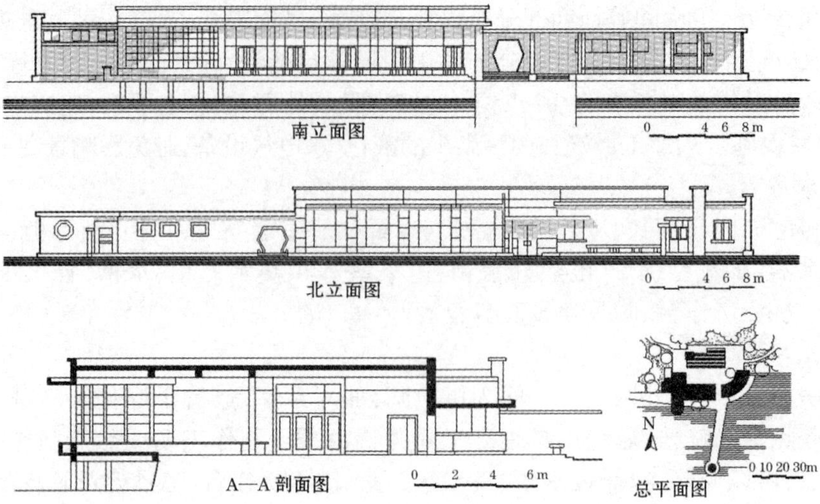

图 4-21　总平面、立面、剖面图

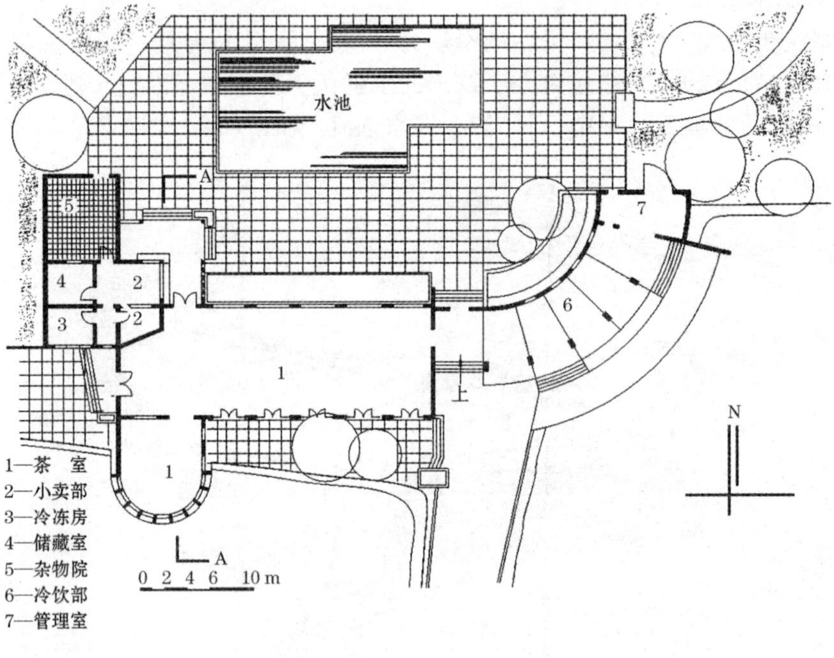

图 4-22　平面图

间;二层为小餐厅,不仅可以很好地解决功能分区,还可以使餐饮及休闲空间有很好的自然采光与通风,同时面向公园的一侧也有良好的景观朝向。该建筑采用钢筋混凝土结构,以 8 000 mm × 8 000 mm 的柱网为主,空间分隔灵活,便于室内布置。建筑群以两层为主,局部三层、一层,退台式布置,结合廊及穿插景观墙,从而使建筑形体变化较丰富,进一步优化了建筑与公园界面的尺度关系(见图 4-23)。

(三)苏州石湖风景区桃花岛游客中心

该游客中心位于苏州石湖风景区桃花岛中段,选址于湖堤转折处,西南两面临水,餐厅面对七子山,景观环境优越。该建筑以餐饮为主,结合游客问询、旅游纪念品出售等服务。建筑群采用现代设计手法,结合地形地势,运用中国古典园林的虚实、对比、因借手法,引来了远山近水,把邻近的环境美景吸收过来,组成建筑各主要景观视轴线。

(a) 东北角鸟瞰图

(b) 西北角鸟瞰图

(c) 东北角透视图

(d) 东南角透视图

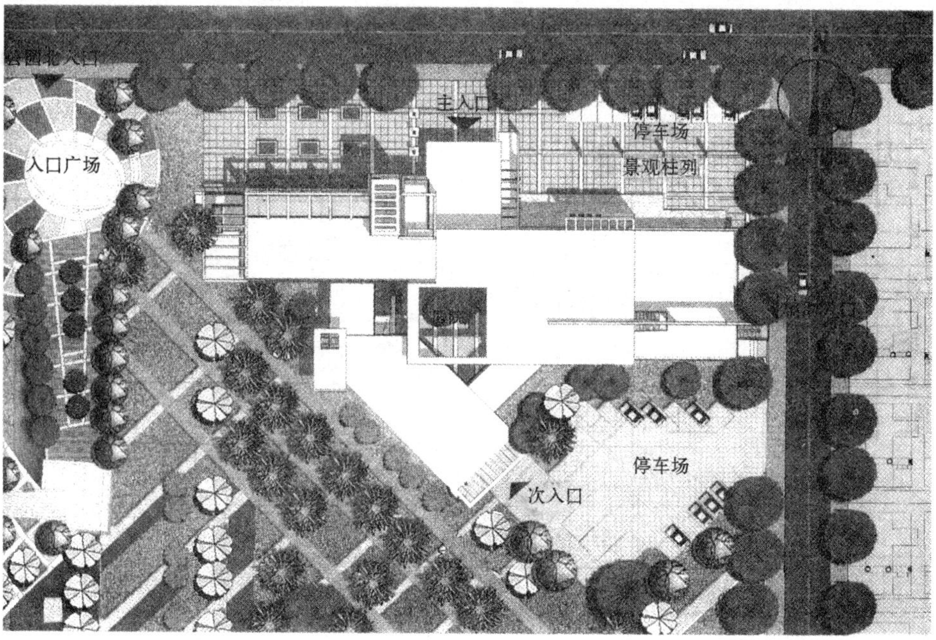

(e) 总平面图

图 4-23 大丰市银杏湖公园餐厅

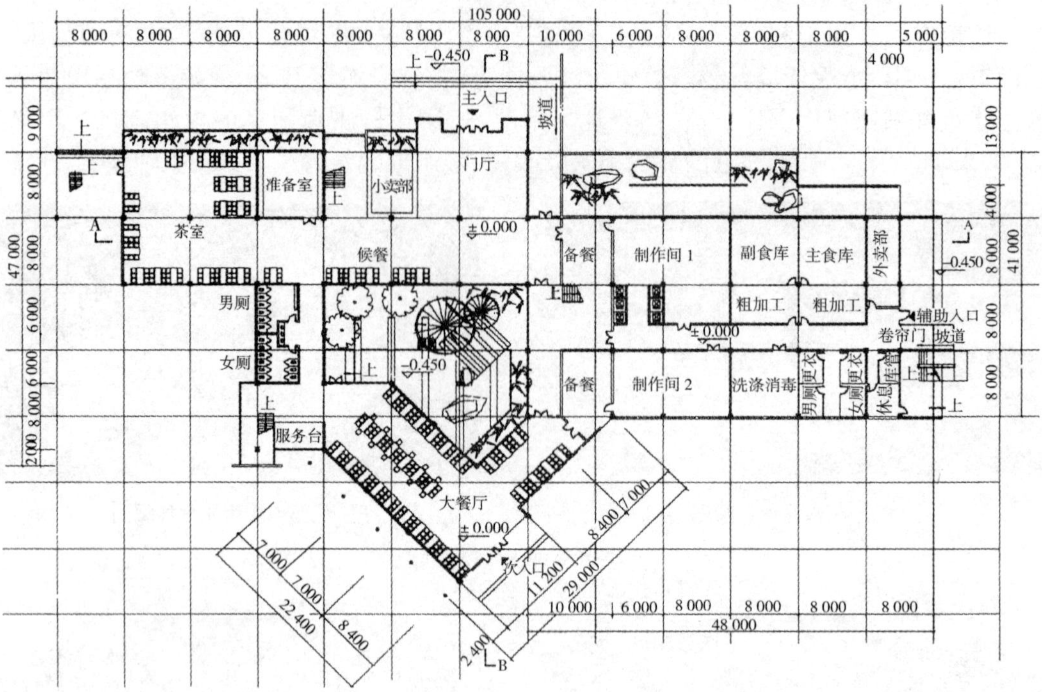

(f) 一层平面图（单位 :mm)

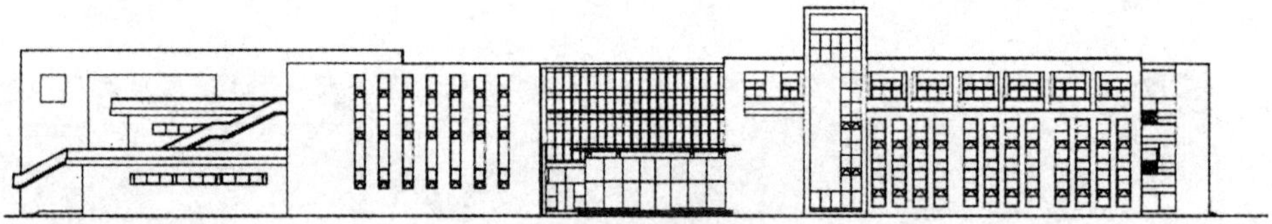

(g) 北立面图

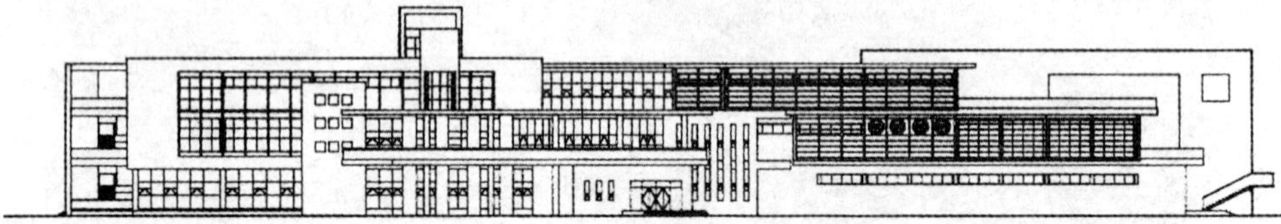

(h) 南立面图

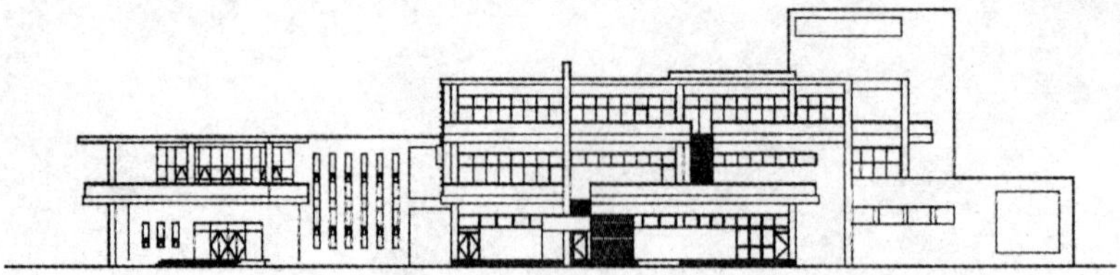

(i) 东立面图

续图 4-23

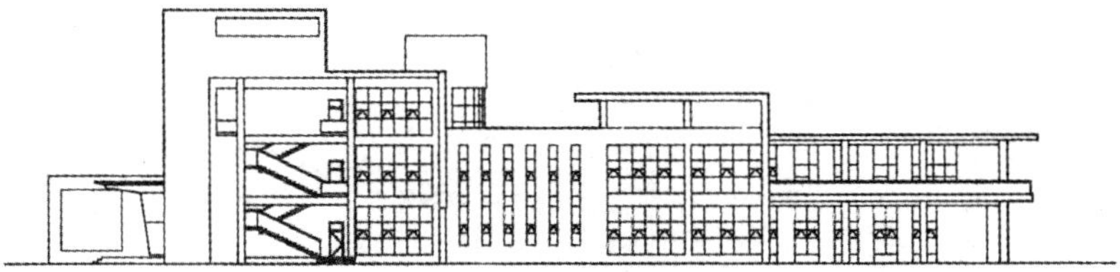

(j) 西立面图

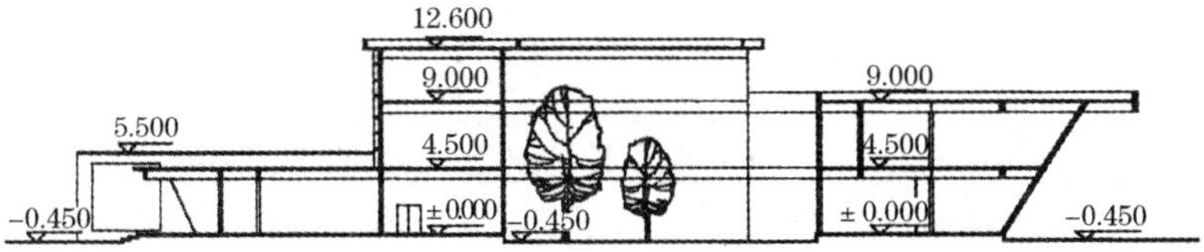

(k)B—B 剖面图

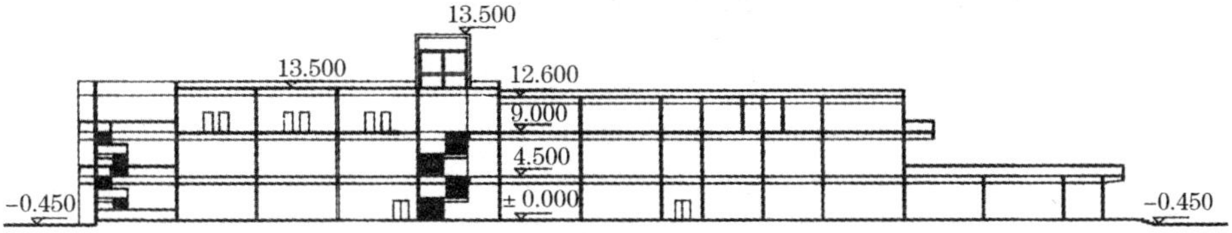

(l)A—A 剖面图

续图 4-23　(单位:高程 m,尺寸 mm)

桃花岛游客中心采用庭院式布局,以庭院组织空间,使功能分区更加明确、清晰。其活动部分人流多,交通频繁,把餐厅、旅游纪念品、游客问询等设置在邻近主入口,用廊道连接不同的功能空间。依据功能及就餐方式的不同,一层为大众餐厅、自助餐厅、旅游工艺品售卖、游客问询处等,二层为小餐厅及茶室。由于地处狭长地带,该建筑依据湖面及地形采取水平向展开的庭院式布局,取苏州民居风格加以简化,建筑采取两坡悬山式屋面,白墙灰瓦,临水及庭院均设大面积落地窗,满足功能与观景需要。建筑平面整体简洁,内部结合中心庭院和建筑形体上突出的体块形成丰富多样的建筑空间。临水面安排主要功能空间,厨房偏于北侧,设有专用杂物院,同时也缓和厨房与周边景观环境难以协调的矛盾。有两个中庭,以石景绿化点缀(见图 4-24)。

(a) 透视图

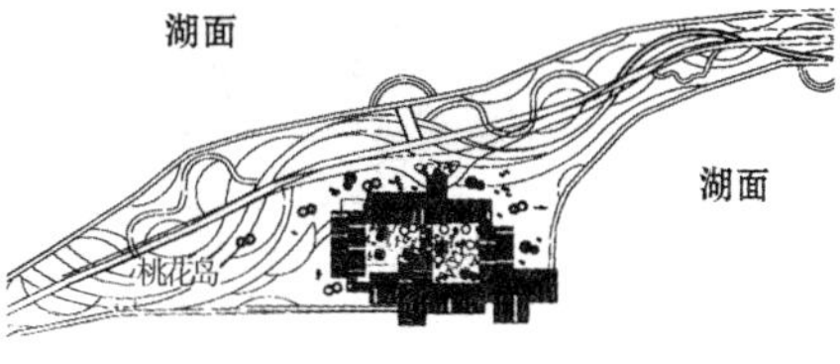

(b) 总平面图

图 4-24　苏州石湖风景区桃花岛游客中心

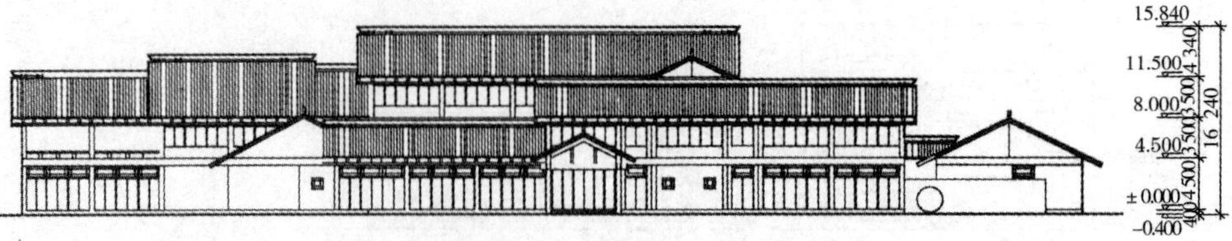

(c) 东立面图　（单位：高程 m，尺寸 mm）

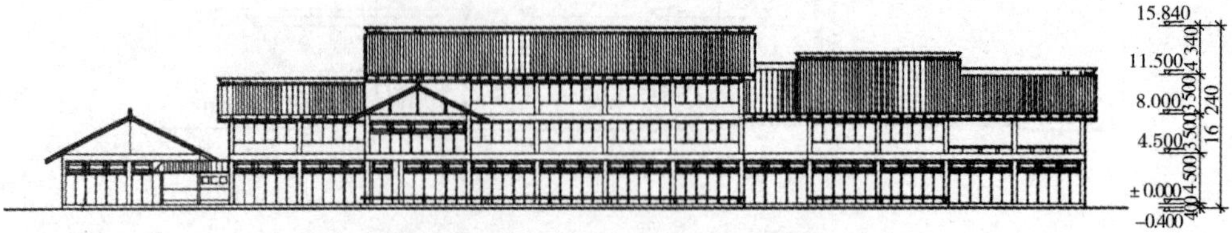

(d) 西立面图　（单位：高程 m，尺寸 mm）

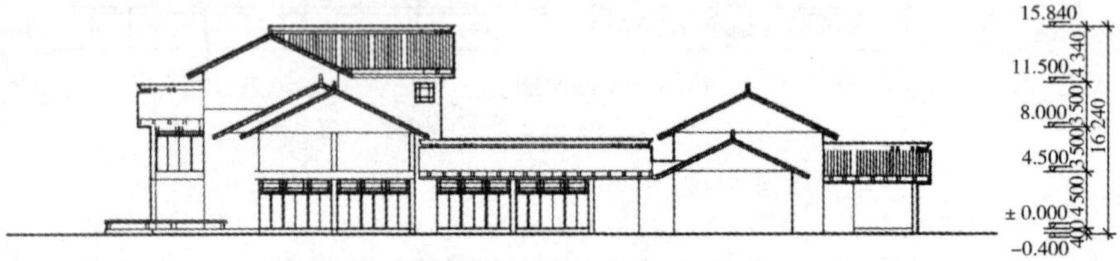

(e) 南立面图　（单位：高程 m，尺寸 mm）

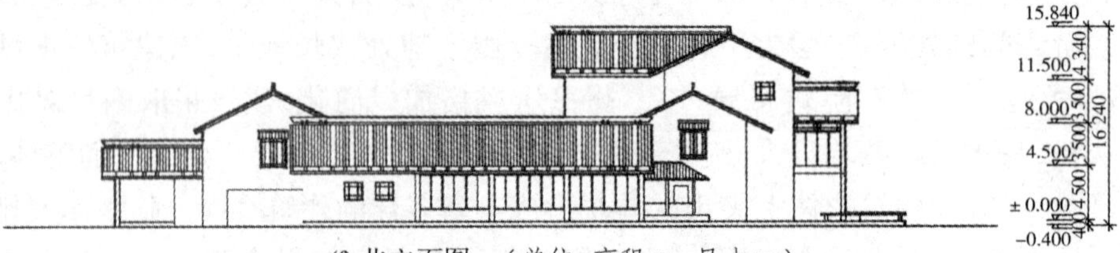

(f) 北立面图　（单位：高程 m，尺寸 mm）

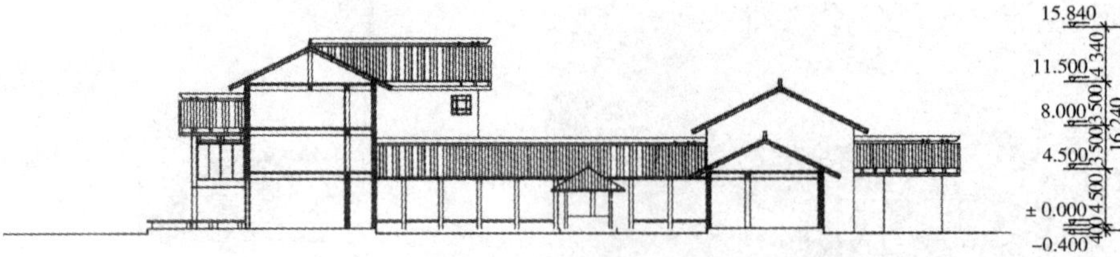

(g)A—A 剖面图　（单位：高程 m，尺寸 mm）

续图 4-24

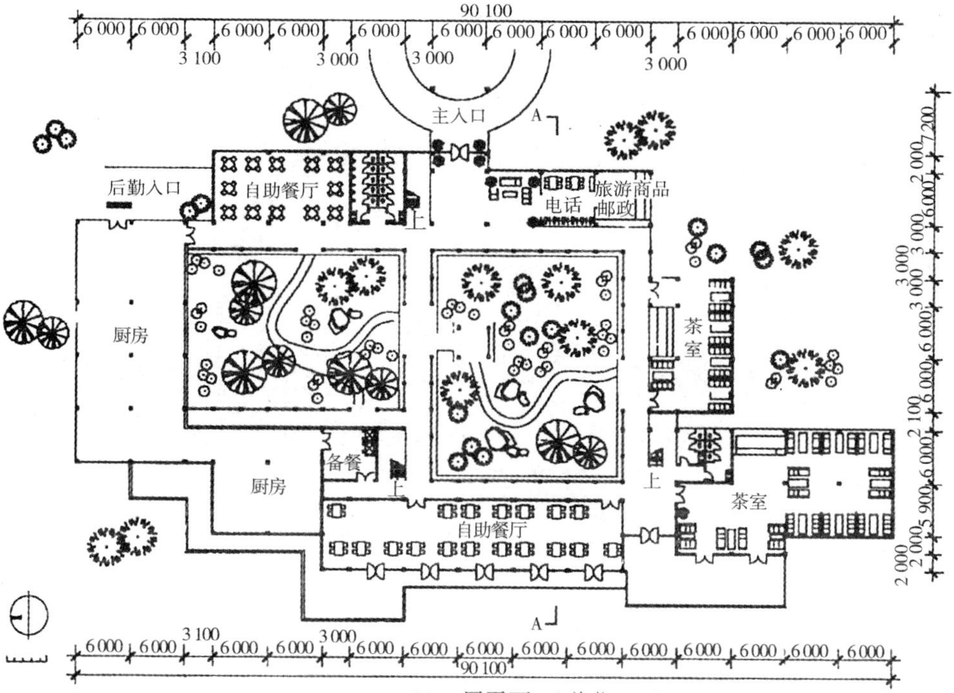

(h) 一层平面 （单位:mm）

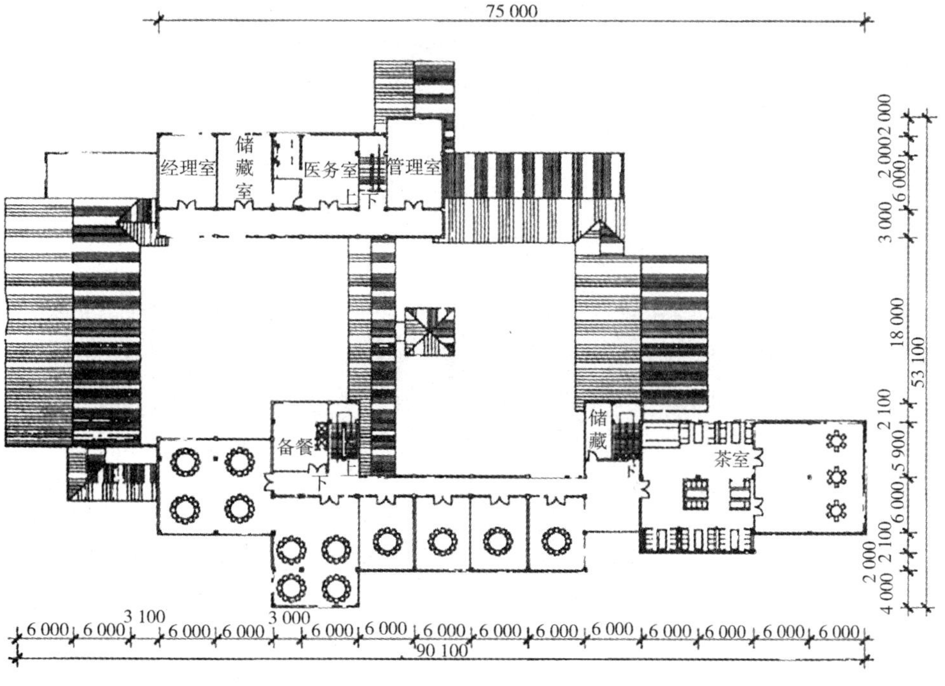

(i) 二层平面 （单位:mm）

续图 4-24

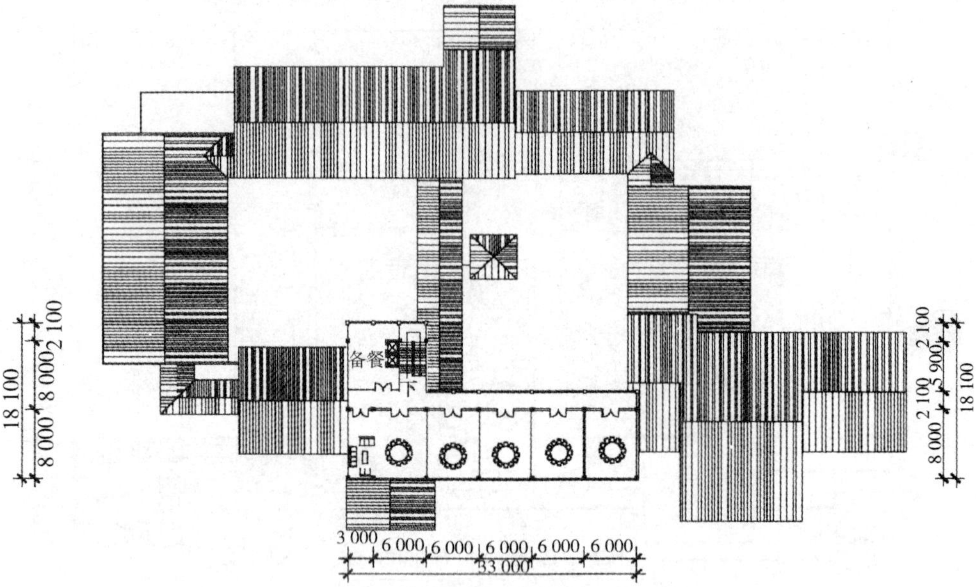

(j) 三层平面图　（单位 :mm）

(k) 四层平面图

续图 4-24

(四) 公园冷饮店设计

公园冷饮店设计见图 4-25。

点评：该方案在解决好基本功能分区及流线组织等问题的基础上，将营业厅沿岸部分布置成弧形，不仅与岸线的弧线契合，而且扩大了建筑的景观面，为人们提供了一个良好

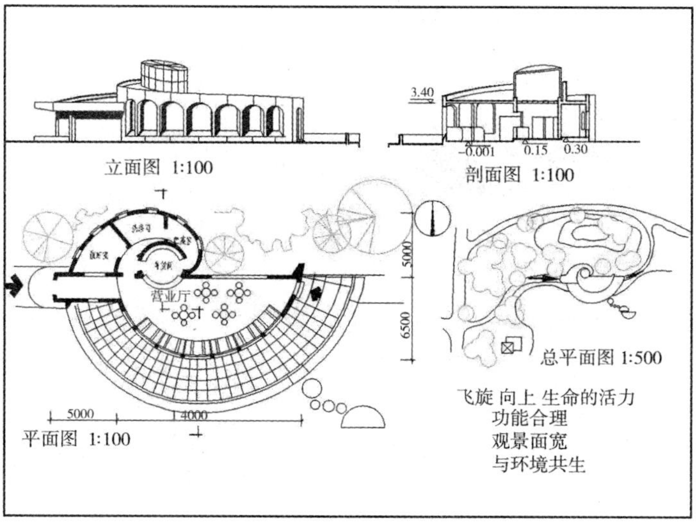

(a) 立面图、剖面图、平面图及总平面图

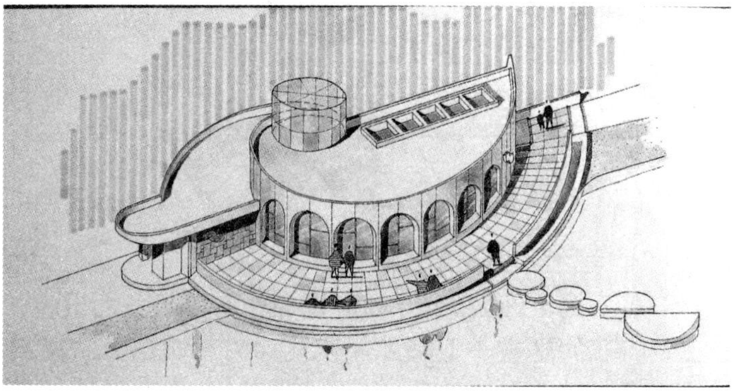

(b) 效果图

图 4-25 公园冷饮店设计

的休息空间。该方案对风景建筑的尺度控制及把握较为准确。建筑造型处理颇具特色，通过飞旋向上的造型形成公园的新景观点。在图文表达方面，制图规范、整洁、文字表达准确。不足之处在于室内外空间缺乏应有的过渡及交融，室内活动在室外的延伸尚显不足。图面的表现力方面尚可改进。

（五）餐厅设计

餐厅设计见图 4-26。

点评：该方案结合特定地点——松花江畔的不规则地段，将建筑处理成矩形与扇形空间的组合。完整的矩形空间符合厨房的功能需要，而扇形用来做餐厅既体现了餐厅建筑的活泼与亲切，又可以用大面积的墙面争取到较多的室外江畔景观。

平面设计功能较合理，同时考虑了室外场地的需要。由于缺少构造知识，所以从图面表达上可以看出有一些概念不很清晰的地方。

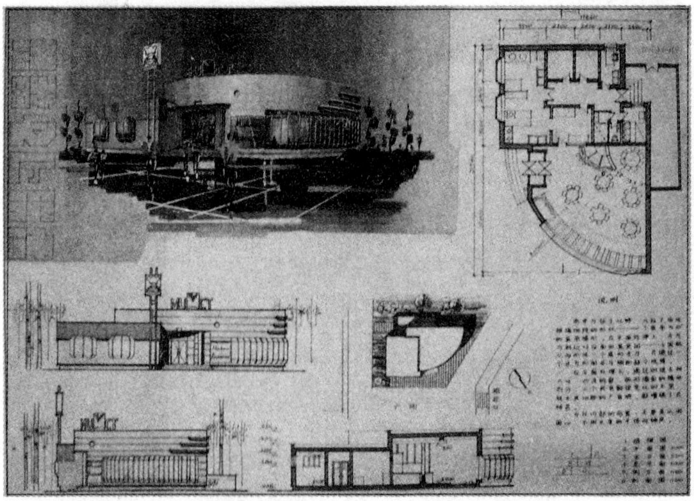

图 4-26　餐厅设计

第三节　园林小卖部设计

园林中的小卖部主要为游人提供零售食品、工艺品和一些土特产等。规模较小，独立或附设在接待室、茶室、大门建筑内，或与敞厅、过廊结合组成。

一、园林小卖部的功能

（一）基本功能

在公园和旅游风景区，为方便游人游园，常设一些商业服务性设施，经营食品、旅游工艺纪念品和土特产等小商品，这类小型服务性建筑称为小卖部。它是现在园林中不可缺少的组成部分，既要满足游人的消费需要，完善服务系统，提高经济效益，丰富园林景观，又要为游人提供较佳的休息、赏景、购物、休闲的场所。

（二）点缀风景

作为园林建筑，小卖部也应该点缀园林景观，在造型、色彩、质感等方面应该与园林整体格调一致。同时，也应该注重其特殊性的表达，也就是小卖部的个性表达。

二、分类

根据园林的性质、规模及游人量的多少来确定不同类型的小卖部，以满足游人的需要，按功能大致可以分为以下四类。

（一）食品类

食品类在小卖部中占有绝对优势，比重最大，主要经营糖果、小食品、饮料等，在大型园林和旅游风景区可设多处。

（二）旅游工艺纪念品类

在名胜古迹园林和旅游风景区，结合人文、景物、寓言、神话传说和各地工艺特点，积极开发、加工、制造具有园林特色、地方特色、民族特色，并且具有纪念性的工艺品。还可出售风景图片、旅游指南书籍等。这样更能丰富园林的文化艺术内容,深受游人的欢迎。

(三)花鸟鱼类售品部

花、鸟、鱼是园林中的特色,可结合园内花房、温室、鱼类展馆等展出和销售花木、盆景、鱼类、鸟类,既向游人宣传饲养知识,又丰富了园林内容,陶冶游人的思想情操,同时还增加了园内的经济效益。

(四)摄影部

在风景名胜区和古迹园林中,为方便游人摄影纪念,往往在景区、景点或者主要出入口处设有摄影部。为了给游人照相取景创造条件,还可在画廊、橱窗中展出本园的风景图片,以及设置景门、景窗,更有利于游人取景拍照;有条件的园林还可设冲洗扩印、出售相机等服务内容。但随着社会的发展,数码相机、摄像机已经走进千家万户,摄影部的作用越来越小。

三、设计要点

(一)位置选择

在设置小卖部时要考虑全园的规划,进行合理安排。根据其规模、性质、所处城市位置、离商业街的远近、附近营业点的质量、数量和类型以及周围环境情况进行全面安排。

小卖部应根据园林功能分区、道路分区及景点位置来设置,既要均匀分布,又要方便游人购物。一般在游人量大的景点附近和方便游人驻足停留的地方设服务点。若园林规模较大,园内活动设施丰富,游人也较多,则小卖部可相对增多;若园林规模较小,活动设施小,且在市区内及周边零售供应方便,则园内小卖部可相应减少或规模不宜过大,方便游人购物即可。

要考虑到方便货物的运输,以便进货和杂物的运出,应设置专用的大门和运输通道。最好有堆放杂物的隐蔽的小院子或栽种树木进行遮掩,这样既能整齐有序地堆放货物,又能保持环境的清洁卫生,不影响园林的景观效果。

综上所述,小卖部的位置应选择在园林主次要出入口处、游人必经之处、景点附近、流动性大的地段、附属于园林建筑内、休息的场所或有特色的地段。

总之,小卖部的规模、数量及位置要因园而异,因需而设。

(二)建筑造型

园林小卖部体量小,功能简单,如果外部造型设计没有个性,很难引起游人注意。园林小卖部的造型设计应该考虑以下几个方面:外部造型与售货内容联系起来,这种联系一定要巧妙;小卖部的造型设计要特别注意色彩与质感的运用,可以大胆运用鲜艳的色彩和不同建筑材料质感的对比,这样往往会收到意想不到的效果;小卖部的造型设计最好能够体现地方特色(见图 4-27)。

(三)建筑体量

园林小卖部大多以“售货亭”的形式出现,体量很小,一般 10 m^2 左右(见图 4-28、图 4-29)。设计时,体量的把握非常重要。在以往的教学过程中,有些同学把小卖部设计成了超市或者商场,这就大错特错了,原因在于没有把握住园林小卖部的体量。

图 4-27　不同造型的小卖部

图 4-28　博鳌亚洲论坛会议中心高尔夫球会的小卖部

图 4-29　瑞士某公园的小卖部

(四)其他方面

如果小卖部是室外售货,则售货窗口的高度应该控制在 1～1.2 m,售货窗口的上方应该设置遮阳和挡雨的设施,方便游人购物;由于小卖部空间小,容易受到外部环境的影响,冬天寒冷,夏天炎热,因此设计者一定要做好小卖部的保温隔热和通风的设计(见图 4-30)。

四、园林小卖部的内部空间构成

园林小卖部的内部空间很简单,根据规模的大小会有所不同,但至少由两部分构成,即仓储空间和营业空间。有些小卖部这两个空间合二为一,后面货架上摆满货物,前面是

图 4-30　售货窗口上多有深远的挑檐

柜台和营业空间。

五、设计实例

（一）小卖亭设计

小卖亭设计方案见图 4-31。

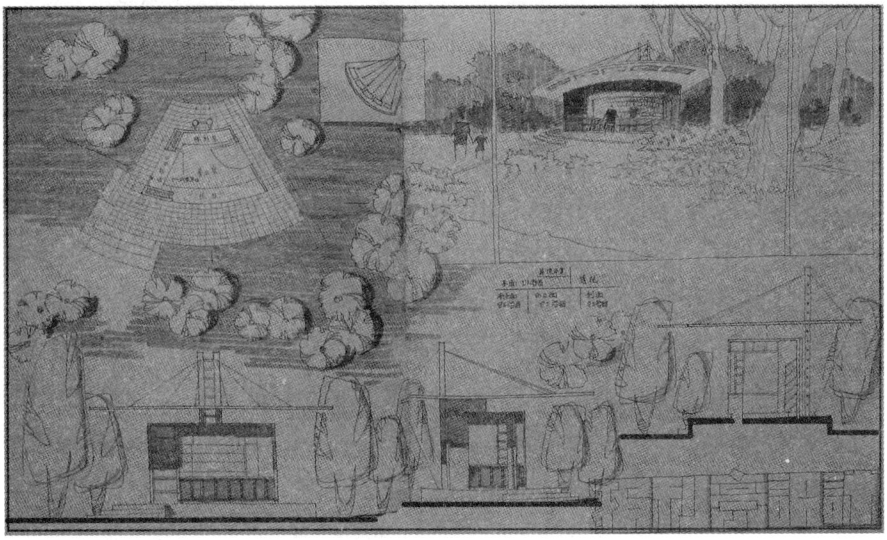

图 4-31　小卖亭设计方案

点评：该方案以轻盈的结构形式体现了城市小品的个性，构思新颖。但人为地把地面抬高了三个踏步，影响了该小品的尺度感且造成使用不便，特别是不利于无障碍设计。

版面构图活泼，各图通过配景表现形成完整画面，避免豆腐块状的排版形式。钢笔线条流畅，色调统一，透视图中点缀少许暖色起到活跃画面的作用。

（二）现代艺术品销售亭设计

现代艺术品销售亭设计见图 4-32。

点评：该方案构思新颖，建筑造型本身似与销售内容有着某种内在的联系，反映出设计者创作思维相当活跃，设计手法采用材料对比和形态构成突出强烈的建筑个性。

徒手钢笔线条相当娴熟，奔放不羁，线条流畅中也有顿挫变化，形象表达的虚实关系以及线条疏密与简繁都相当有水平。版面构图完整，图幅恰当。

图 4-32　现代艺术品销售亭设计

（三）小卖部设计

小卖部设计见图 4-33。

图 4-33　小卖部设计

点评：小卖部临水而建，设计充分考虑园林因素，为游人提供优美的游憩环境，平面布局灵活，功能合理，建筑造型轻巧、开朗。

第四节　园林厕所

园林厕所是园林中必不可少的服务性设施之一。不论其规模大小、造型如何，均会影响园林景观效果。一般来说，厕所不作特殊建筑类型处理，但是应与整个园林或风景区的外观特征相统一，易于辨认。

一、园林厕所的功能

游人到园林中往往需要长时间游览，在游览过程中，很多人需要“方便”。如果游人找不到“方便”的场所，无论谁也没有心情继续游赏下去了。有些园林中忽视了厕所的建设，结果使那些有“需要”的游人不是迅速离开，另寻他处，就是就地解决，污染了环境。可见，园林厕所对于园林多么重要。

二、园林厕所的分类

（一）独立性厕所

独立性厕所指在园林中独立设置，与其他设施不相连接的厕所。其特点是可避免与其他设施主要活动产生相互干扰，适用于一般园林。

（二）附属性厕所

附属性厕所指附属于其他建筑之中，供公共使用的厕所。其特点是管理与维护均较方便，适用于不太拥挤的区域设置。

（三）临时性厕所

临时性厕所指临时设置的厕所，包括流动厕所。可以解决因临时性活动的增加所带来的需求，适用于在地质土壤不良的河川、沙滩的附近或临时性人流量的场所设置。

三、园林厕所的设计要点

（一）位置选择

园林厕所应布置在园林的主次要出入口附近，并且均匀分布于全园各区，彼此间距为200～500 m，一般而言，位于游客服务中心地区，或风景区大门口附近地区，或活动较集中的场所。

选址上应回避设在主要风景线或轴线上、对景处等位置，位置不可突出，离主要游览路线要有一定距离，最好设在主要建筑和景点的下风方向，并设置标志以小路连接。要巧借周围的自然景物，如石、树木、花草、竹林或攀缘植物，以掩蔽和遮挡。

园林厕所应设在阳光充足、通风良好、排水顺畅的地段。最好在厕所附近栽种一些带有香味的花木，如南方地区可种植白兰花、茉莉花、米兰等，北方地区可种植丁香、珍珠梅、合欢、国槐等，这样可以掩盖厕所散发的气味。

（二）造型设计

在造型设计中，必须符合该园林的格调与地形特色，既不能过分讲究，又不能过分简陋,使之处于风景环境之中,而又置于景物之外,既不使游人视线停留,引人入胜,又不破坏环境,惹人讨厌;其色彩应尽量使用柔和的色调,不要使用特别鲜明、对比强烈的颜色(见图 4-34 ~ 图 4-37)。

图 4-34 模仿宗教建筑的园林厕所
(显得过于庄重和突出)

图 4-35 日本播磨科学公园公厕

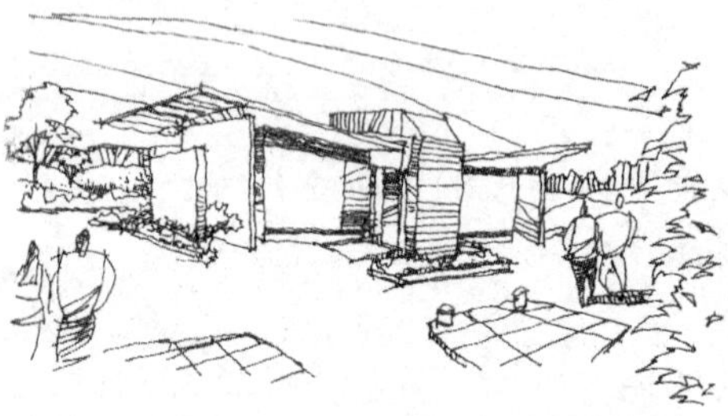

图 4-36 立于公园一角的小厕所
(屋角起翘造型)

图 4-37 立于公园一角的小厕所
(足球造型)

园林厕所入口处应设"男厕"、"女厕"明显标志,一般入口外设 1.8 m 高的屏墙以遮挡视线。厕所窗的设计一定要考虑到人的视线,一般采用高侧窗和百叶窗的形式。

(三)建筑体量

园林厕所的定额根据公园规模的大小和游客数量而定。建筑面积一般为 6 ~ 8 m^2/hm^2;游人较多的公园可提高到 15 ~ 25 m^2/hm^2。每处厕所的面积 30 ~ 40 m^2,男女蹲位 3 ~ 6 个,男厕内还需配小便槽。

(四)其他方面

在园林中还应该设置残疾人专用厕所,这一点往往为设计者所忽视,给残疾人游园带来不便,这是不应该的。2008 年北京奥运会场馆中的厕所就设有残疾人专用厕所。

四、园林厕所内部空间构成

园林厕所一般由门斗、男厕、女厕、管理室(储藏室)、化粪池等部分构成。门斗是过渡空间,化粪池位于地下。在北方农村,化粪池经常和沼气池结合起来,如果设计合理,在园林中同样能为茶室、餐厅提供清洁、廉价的燃料。

五、设计实例

（一）公厕设计方案一

公厕设计方案见图 4-38。

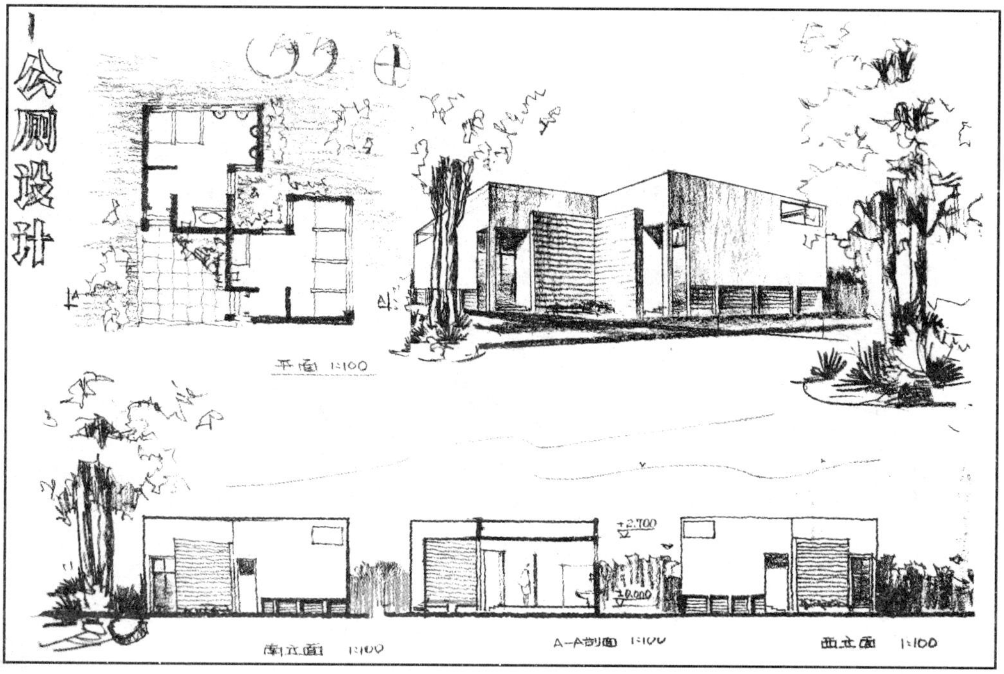

图 4-38　公厕设计方案一

点评：该设计方案功能合理，前室与厕所分区明确，视线遮挡设计周到，造型简洁，现代感强。但男、女厕所两个体块仅交于一点，结合太弱。

设计者很好地发挥了炭笔表现优势，黑白灰层次丰富，表现力强，徒手线条运笔轻松自如，透视图工具画不拘谨，配景要素处理得当。平面图以灰面铺底突出主图，效果颇佳。整个版面设计、边框处理，反映出设计者有较好的艺术修养。

（二）公厕设计方案二

公厕设计方法二见图 4-39。

点评：该方案男、女厕所均缺少前室，特别是男厕所未考虑视线遮挡设计。男、女厕所入口距离过近，互有影响。建筑造型设计小尺度感把握较好。

版面紧凑，构图匀称，徒手钢笔线条流畅。立面表现简练，效果突出，通过配景表现将立面、剖面形成整体。透视图表现快速，线条奔放不羁，但前景树表现不甚理想。

图 4-39　公厕设计方案二

第五节　游船码头

一、游船码头的功能

（一）基本功能

游船码头是园林中水路交通的枢纽，是游人从岸上到水上、从水上到岸上的必要设施。

（二）点景功能

园林中的码头一般不会只有一个平台和数级台阶，往往是和其他园林建筑组合出现的。比如园林码头和园林茶室、冷饮店、快餐厅结合，这样园林码头就成了一组有一定体量引人注目的水边建筑。

（三）赏景功能

码头位于水边，利用岸与水面的高差设置多层台阶，游人可以从多个不同的高度上欣赏湖上美景。由于码头所处的位置，因而码头天然就是一个观景的绝佳场所。

二、游船码头的分类

根据平台的形式，游船码头可以分成以下四种（见图 4-40）。

（一）驳岸式

城市园林水域不大，结合驳岸修建码头经济、美观、实用，可结合灯饰、雕刻加以点缀

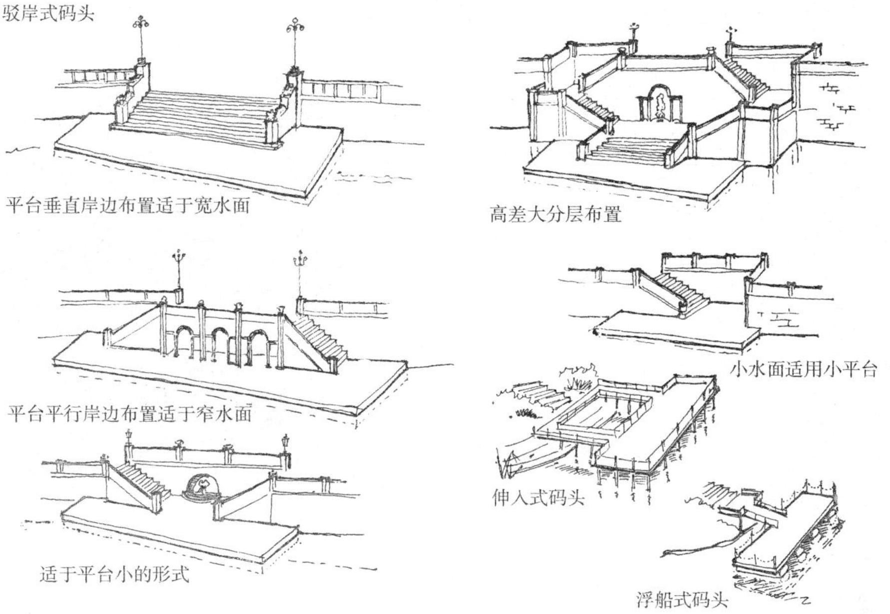

图 4-40　游船码头的分类

成景，是园林中最常用的形式。

（二）伸入式

一般设置在水面较大的风景区，不修驳岸，停泊的船吃水较深，而岸边水深较浅，可将平台伸入水面。这种形式可以减少岸边湖底的处理，直接把码头伸入水位较深的位置，便于停靠。

（三）半伸入式

一半伸入水面，作为水上平台和检票用，以便管理；另一半在岸上，供游客候船和休息用。

（四）浮船式

这种码头适用于水位变化大的水库风景区。浮船码头可以适应高低不同的水位，保持一定的水位深度。夜间不需要管理人员，利用浮船码头可以以漂动位置的特点存放。停放时将码头与停靠的船只锚定在水中，以保护船只。

三、游船码头的设计要点

（一）位置选择

在进行总体规划时，要根据景点的分布情况充分考虑自然因素，如日照、风向、温度等，确定游船码头的位置。作为园林中重要的建筑，游船码头应该处在位置明显、交通便利的场所。游船码头一般设在园林主次要出入口附近，最好是接近一个主要大门，但不宜正对入口，宜采用障景的手法。游船码头设在出入口附近，设计一条水上游览路线，方便游人选择陆路或水路游园。

根据水体面积的大小、流速、水位情况考虑游船位置。若水面较大，则要注意风浪，游船码头不要设在风口处，最好设在避开风浪的港湾内，以便于停靠；若水面较小，宜在相对宽阔处设码头；若水体流速较大，为保证停靠安全，应避开水流正面冲刷而选择在水流缓冲地带。

（二）水体标高

设计前首先要了解湖面的标高、最高和最低水位及其变化，以确定码头平台的标高及水位变化时的必要措施。

（三）观赏效果

在设计时建筑形式应与园林景观和整体形势协调一致，并形成高低错落、前后有致的景观效果，使整个园林富有层次（见图4-41）。

图4-41　码头设计与地域风格相统一

（四）人流路线

平台上的人流路线应顺畅，避免拥挤，应将出入人流路线分开，以便尽快疏散人流，避免交叉干扰。

（五）平台位置

码头平台伸入水面，夏季易受烈日暴晒，应选择适宜的朝向，最好周围有大树遮阴或采取建筑本身的遮阳措施。

（六）平台尺寸

靠船平台岸线的长度，应根据码头的规模、人流量来确定，其长度一般不小于4 m，进深不小于2～3 m。

四、游船码头的组成

游船码头可供游人休息、纳凉、赏景和点缀园林环境。根据园林的规模确定码头的大小，一般大、中型码头由七部分组成。

（一）水上平台

水上平台是供游人上船、登岸的地方，是码头的主要组成部分。其长宽要根据码头规模和停船数量而定。台面高出水面的标高主要看船只大小、上下方便，以及不受一般风浪所淹没为准。水上平台以高出水面300～500 mm为宜。若为大型码头或专用停船码头，应设拴船环和靠岸缓冲调节设备；若为专供观景的码头，可设栏杆和坐凳，既起到防护作用，又可供游人休息、停留，观赏水面景色，同时还能够丰富游船码头的造型。

（二）蹬道台阶

蹬道台阶是为平台与不同标高的陆路联系而设的，室外台阶坡度要小，其高度和宽度与园林中的台阶相同。每7～10级台阶应设休息平台，这样既能保证游人安全，又为游客提供不同高度远眺。此外，在岸壁的垂直面结合挡土墙，在石壁上可设雕塑等装饰，以增加码头的景观效果。

（三）售票室

售票室主要出售游船票据，还可兼回船记时退押金或收发船桨等。

（四）检票口

在大、中型游船码头上，若游客较多，可按号的先后顺序经检票口进入码头平台划船，有时可做回收、存放船桨的地方。

（五）管理室

管理室一般设置在码头建筑的上层，以供播音、眺望水面情况，同时可供工作人员休息、对外联系等。

（六）候船空间

可结合亭、廊、花架、茶室等建筑设置候船空间，既可作为游客候船的场所，又可供游人休息和赏景，同时还可丰富游船码头的造型，从而点缀水面景色。

（七）集船柱桩或简易船场

集船柱桩或简易船场是供夜间收集船只或雨天保管船只用的设施，应与游船水面有所隔离。

五、设计实例

（一）码头设计方案一

码头设计方案一见图4-42、图4-43。

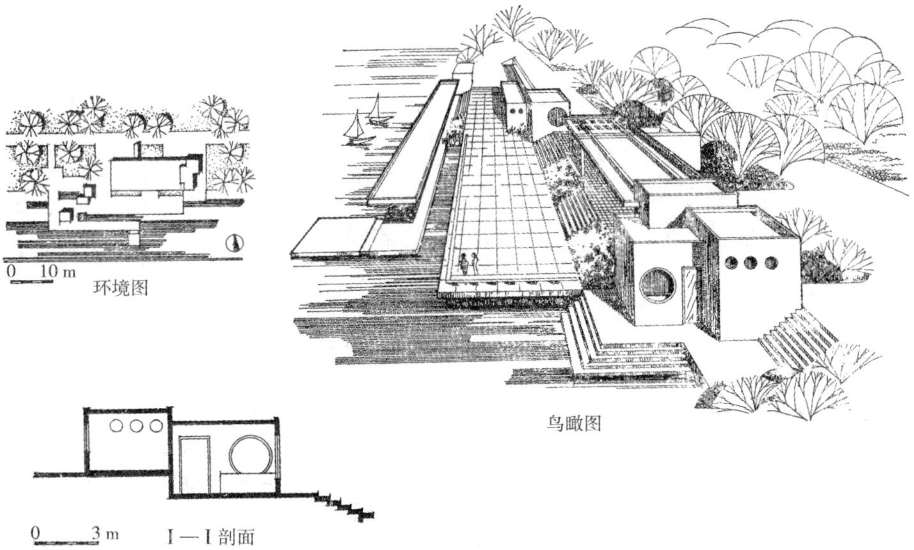

图4-42　总平面图、剖面图、鸟瞰图

点评：建筑结合地形高差分层布置，建筑设计充分考虑到游人休息、码头经营管理、小卖部等部分功能要求。建筑造型新颖，尤其空间设计颇具新意，但临水小卖部及侧立面设计欠完善。

（二）码头设计方案二

码头方案二见图4-44、图4-45。

点评：建筑平面功能合理，分区明确，交通流线通畅简洁，造型轻巧有新意，但临水二层与地形结合不够。

（三）福建武夷山星村筏船码头

福建武夷山星村筏船码头是由码头、接待及小型旅社组合而成的一组建筑。码头部

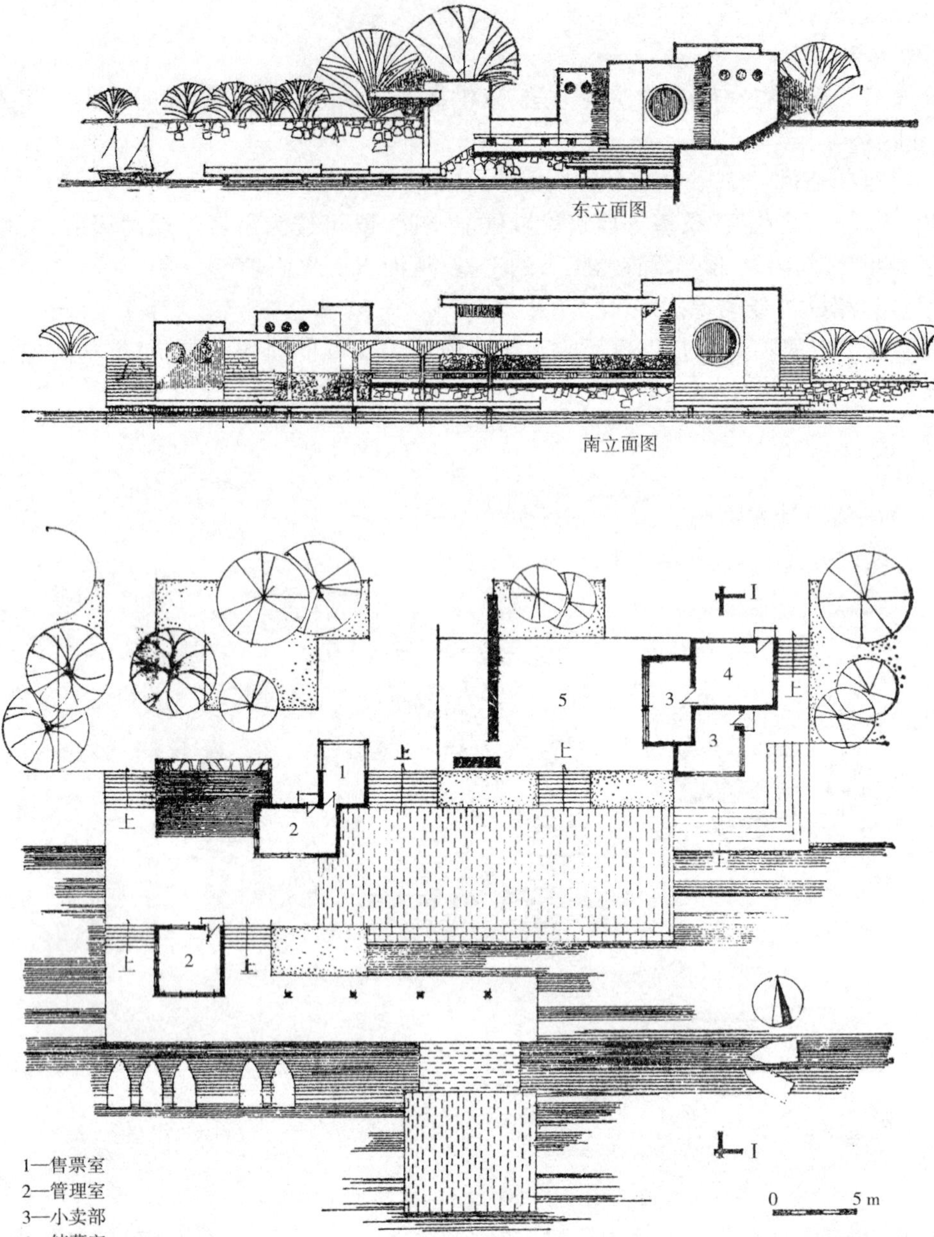

图 4-43　立面图、平面面

分平面组合合理,并与休息亭、廊及庭院基本结合,布局灵活,具有园林特色,建筑造型采用当地民居形式,清新素雅(见图 4-46)。

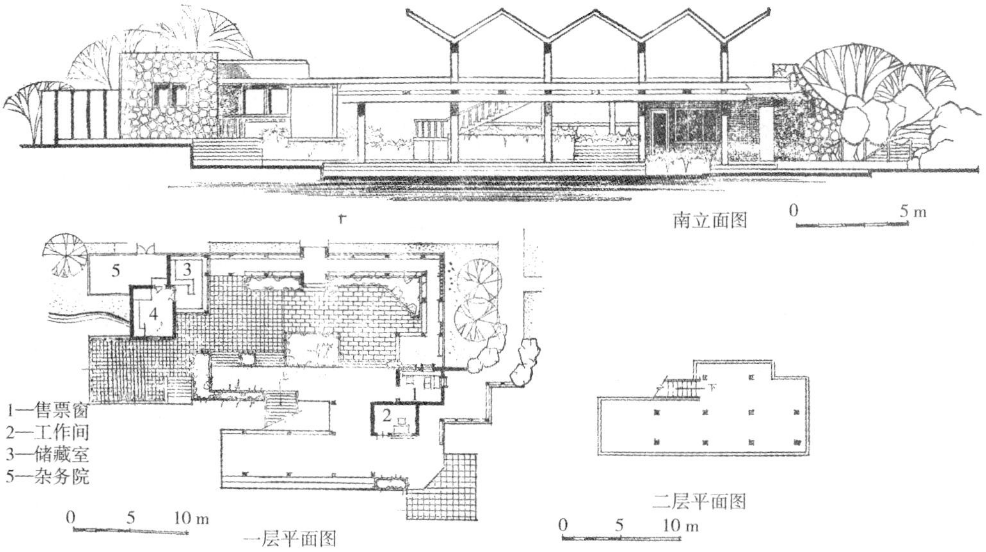

图4-44　立面图、平面图

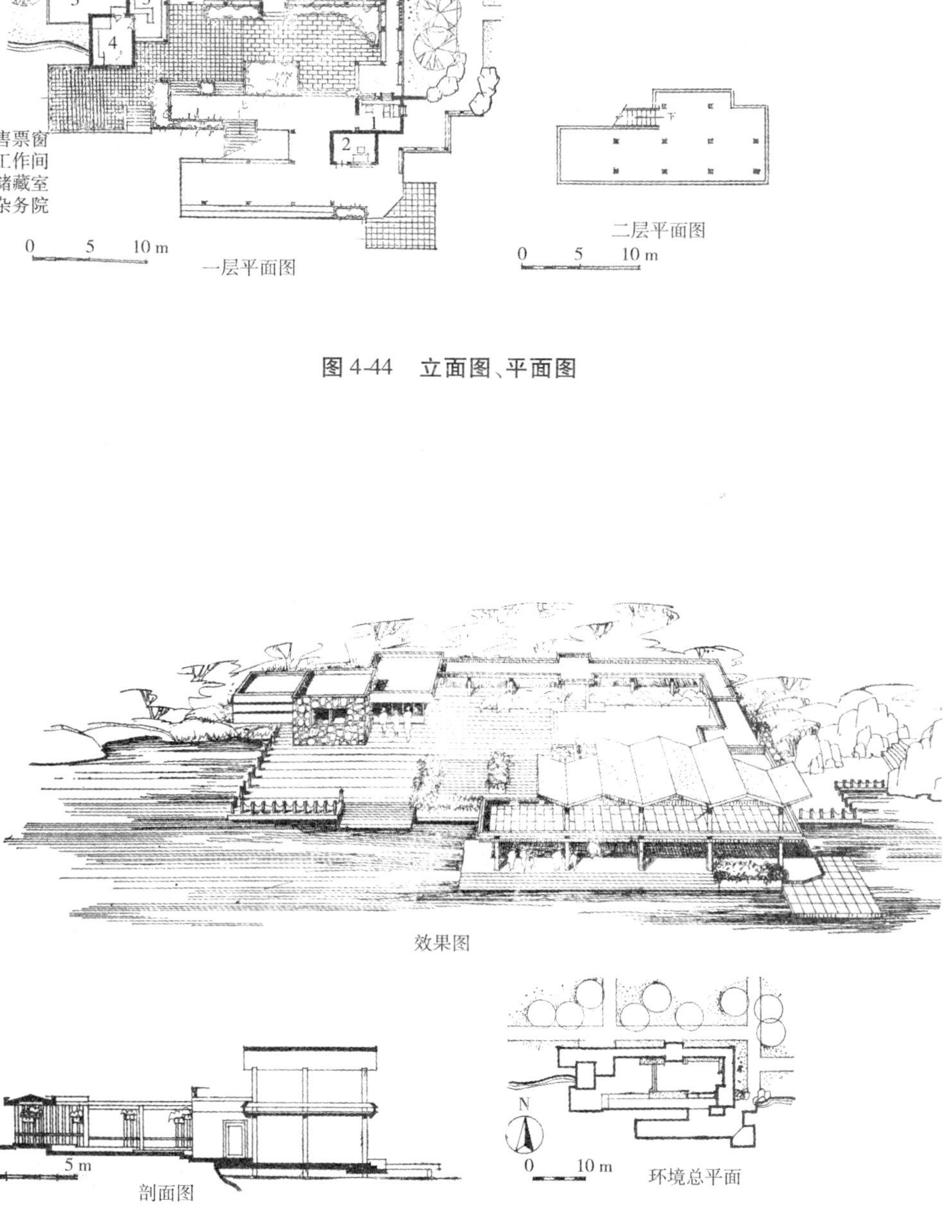

图4-45　总平面、剖面、效果图

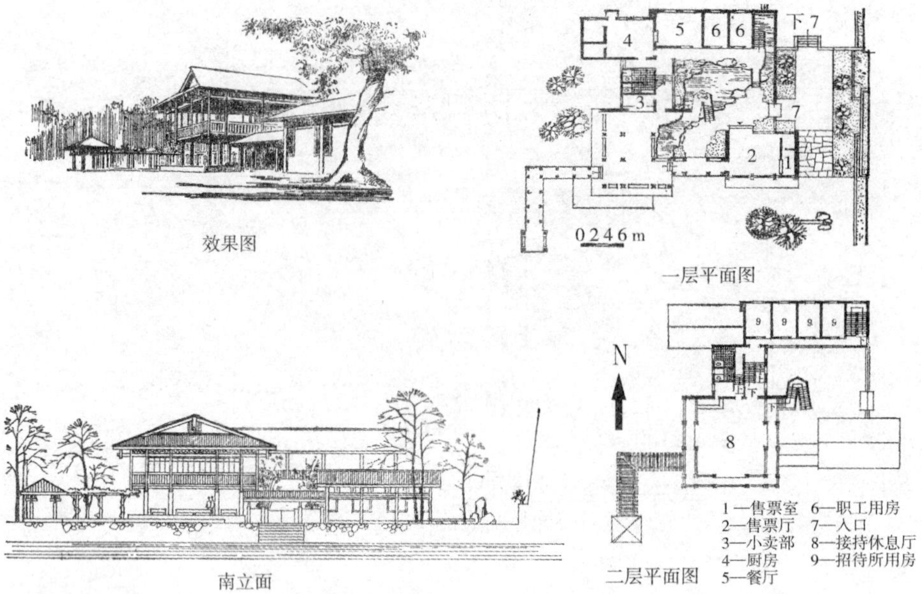

图 4-46　福建武夷山星村筏船码头

第五章　园林建筑小品

第一节　概　述

一、园林建筑小品的概念

构成园林建筑内部空间的景物，除亭、廊、花架、榭、舫、大门、园桥、服务性建筑等外，还有大量的小品性设施，它虽不像园林中主体建筑那样处于举足轻重的地位，但却像美丽的花朵，闪烁在园林之中。园林中供休息、装饰、照明、展示和为园林管理及方便游人之用的小型建筑设施，称为园林建筑小品。

园林建筑小品的特点是：种类繁多、体量小巧、功能简单、立意有章、富于神韵、造型别致、富有情趣、有高度的传统艺术性，讲究适得其所，在园林各处供人评赏，引人遐想，成为广大游人所喜闻乐见的作品，一般不具有可供游人入内的内部空间。它们不仅具有简单的实用功能，而且具有装饰性的艺术特点，既有技术上的要求，又有空间组合上的美感要求。因此，建筑小品的造型取意均需经过一番艺术加工、精心琢磨并与园林整体环境协调一致。

二、园林建筑小品的设计要点

（一）立意新颖、构思巧妙

园林建筑小品，在意境的创作上要达到寓情于景、情景交融的最高境界，才能成为耐人寻味的作品，任何简单的模仿都会削弱它对欣赏人的感染力。建筑小品不仅在于形式优美，更重要的是在于具有深刻的主题内涵，表达较高的思想意境和情趣，让人回味无穷、乐在其中。如沈阳世博园青岛园中的帆船铺装，则代表着青岛作为2008年奥运会帆船项目的举办地，将有更为广阔的发展空间，从船头喷涌而出的泉水，意味着青岛将就此乘风破浪，向着国际化大都市迈进（见图5-1）。

（二）巧而得体、精而合宜

园林建筑小品，作为园林建筑的配体，在不同的园林空间中，要做到造型精美别致、体量力求精巧、与周围环境协调，不可喧宾夺主，不可失去分寸。精于体宜，是园林空间与景物之间最基本的体量构图原则。园林小品的尺度是否正确，很难定出绝对的标准，不同的艺术意境要求有不同的尺度感。在园林中究竟取何比例为宜则取决于与环境配合上的需要，如在林荫曲径旁，设造型独特的竹节园灯，体量适宜，并与周围的竹林环境相适应（见图5-2）。

（三）独具特色、切忌雷同

园林建筑小品，应生动地反映地方特色，巧妙地融合于周围景观之中，达到活跃环境

图 5-1　立意新颖、构思巧妙的帆船

图 5-2　体量适宜的竹节灯

气氛的作用,不可模仿抄袭,而应有所创新,创造出具有深刻内涵和韵味的作品,取得别开生面的神似效果。比如 2006 年沈阳世博园中西安秦风宛的兵马俑雕像(见图 5-3)、郑州园的铜爵和文字图腾柱(见图 5-4)、成都园的蜀水乡情等都代表地方特色。

图 5-3　西安秦风宛的兵马俑雕像

图 5-4　郑州园的铜爵和文字图腾柱

(四)顺其自然、求其因借

顺其自然,是指不破坏原有的风貌,做到涉门成趣,得景随形。求其因借,是指通过对自然景物形象的取舍,使造型简练的小品获得景象丰满充实的效果。我国园林追求自然,但又不贬人工,而且精于人工。"虽由人作,宛自天开"是最精辟的造园理论。作为装饰的小品,人工雕琢总是难免的,而如何将人工与自然浑成一体,则是设计者们匠心之处。如在树林中,用水泥塑制的仿树根桌凳,好像自然形成的断根树桩,远看可以达到以假乱真的程度,别具自然风趣(见图 5-5)。

(五)考虑使用功能、符合技术要求

园林建筑小品,绝大多数具有实用功能。设计时除艺术造型上要求美观外,还要考虑使用功能、符合技术要求。如坐凳的使用功能是满足人们就坐休息,同时考虑符合人体尺度要求;园灯的使用功能是照明,同时考虑光强、电源、颜色等技术要求;门窗洞口的使用功能是交通及采光通风,同时考虑材料施工的技术要求;园墙的使用功能是界定园林空间,同时要从围护要求来确定其高度及其他技术上的要求。

园林建筑小品设计,考虑的问题是多方面的,而且具有很大的灵活性,因此不能局限于几条原则，应举一反三，融会贯通。

三、园林建筑小品的功能

（一）作为主景

一些独立性较强的建筑小品，本身就是造园一景，常作为重要的园林景观，具有很高的观赏性，如沈阳世博园中辽宁营口的扬帆远航以"大海船"为主景，耸立的大船，两侧跌水顺势而下结合涌动的喷泉给人以乘风破浪之感，体现"一市两港"的特点（见图5-6）。

图5-5　仿树根桌凳

图5-6　大海船作为主景

（二）组织景点

利用园林建筑小品把外界的景色组织起来，与其他景物一起共同组成新的园林艺术景观，使园林意境更生动，画面更富有诗情画意，如扬州瘦西湖柳堤上的吹台小亭月门，从组景出发，在临水墙面开设月门，从亭前透过月门向外眺望，对岸的白塔和五亭桥在框景中重新组织起来，使景色得以进行艺术的再现（见图5-7）。从塑造空间的角度出发，利用建筑小品巧妙地组景，创造出空间的层次感和富于变幻的效果。又如苏州拙政园的云墙和晚翠月门，无论在位置上还是在尺度上和形式上均能恰到好处，自枇杷园透过月门望见池北雪香云蔚亭掩映于树林之中。云墙和月门加上景石、兰草和卵石铺地所形成的素雅近景，两者交相辉映，令人神往（见图5-8）。由此可见，园林建筑小品从园林建筑设计总体构思开始，就应从整体出发，结合其他景点统一布局。

图5-7　瘦西湖的吹台小亭月门

图5-8　拙政园的晚翠月门

（三）装饰作用

园林建筑小品，在园林中还有一个重要的作用就是点缀空间，装饰景观，以此来提高园林建筑的鉴赏价值，如有时为了增强园林空间的艺术感染力，常常把那些功能作用较明显的桌凳、灯具等小品予以艺术化处理，使之更具有观赏性（见图5-9）。由此可见，园林建筑小品如同一个人的肢体与五官，它能把园林这个躯干装饰得更具个性与美感。

图5-9　蘑菇小品装点河边空间

第二节　墙垣与门窗洞设计

一、墙垣设计

墙垣在园林建筑小品中，多指围墙和景墙。围墙作为围护构筑物，其主要功能是界定空间，起防卫作用，同时具有装饰美化环境的作用。景墙的主要功能是造景，以其精巧的造型，点缀园林之中，成为景观之一。

（一）墙垣的功能

1. 界定园林空间的围合与分隔

巧妙地运用景墙，将大空间化为小空间，又可将小空间串通迂回，小中见大，层次深邃。墙垣的造景作用不仅以其优美的造型来表现，更重要的是以其在园林空间的构成和组合中表现出来。我国园林空间变化丰富，层次分明，各种墙垣穿插其中，既分隔空间，又围合空间，既通透，又遮挡，由此形成的园林空间有的开敞、有的封闭，各具风韵（见图5-10）。

2. 控制、引导游览路线

墙垣的延续性和方向性使观赏者能自如地进入组景序列，宛如置身于逐渐展开的园林画卷中，如有时还在墙垣上开设门窗洞或题画等，形成种种虚实和明暗的对比，使墙面产生丰富多彩的变化，使园景更加清新活泼，为游人提供内容颇为丰富的观赏路线（见图5-11）。

3. 丰富景致层次

有的景墙与周围置石、花木、水景等组合，构成一组独立的景观（见图5-12），也有的景墙作为出入口的标志物（见图5-13）。

（二）墙垣的设计要点

1. 位置选择

围墙作为空间的界限，必然设于园林的周边，起围护作用。景墙设在景物变化的交界处，地形、地貌变化的交界处，空间形状、空间大小变化的交界处，使墙垣两侧有绝然不同的景观，以增强空间变化效果。如墙垣设在水陆两种地段的分界处，游人在墙内，只见院内花木，不见墙外景色，当步出园门，小桥流水的景观突现眼前，使墙内外有迥然不同的景

图 5-10　界定园林空间的景墙

图 5-11　景墙引导游人展开景观序列

图 5-12　景墙与水石花草组成独立景观

图 5-13　景墙作为出入口标志物

物效果,空间变化效果倍增(见图 5-14)。

2. 造型与环境

园林墙垣的造型要完整,构图要统一,形象要与周围环境协调一致。墙面上开设的门窗洞口或花池装饰,其形状、大小、数量、纹样等均应该注意比例适度,布局有致,以形成统一的格调。其型体上或轻巧,或持重,或通透,或密实,均应变化有章,切忌零散、杂乱、变化无度。色彩与质感是景墙的重要表现手段,既要有对比,又要有协调;既要醒目,又要调和(见图 5-15)。

图 5-14　一墙隔两景,突出空间变化

图 5-15　墙垣门窗造型完整、构图统一

3. 结构安全

墙垣设置要注重坚固与安全，尤其是孤立的单片直墙，更要适当增加其厚度，并加设柱墩等。设置曲折连续的墙垣，可增加稳定性，考虑到风压、雨水等对墙体的破坏作用，其基础务必在冰冻线以下，以防冻胀损坏。墙厚与选用材料及景墙的设计高度有关，可参考墙体设计的建筑模数。墙面开设门洞、漏窗及设置花格、装饰等，一般宜用预制构件；施工过程应事先加以考虑，作预留孔或构件；植物种植池或墙面种植盆，其大小尺寸应符合植物生长要求及管理上的可能性，以免淹没。

4. 材料选择

就地取材，能体现地方特色，又具有经济的效果，应给予充分考虑。各种石料、砖、木材、竹材、钢材……均可选用并可组合使用。

二、门洞设计

门洞是指园林中为联系和组织景观空间，能让人通行并与墙结合设置的建筑小品。由于其形象是一个洞口，又具有门的作用，所以习惯上称之为门洞。门洞使两个分隔的空间相互联系和渗透，一般与园路、围墙结合布置，共同组成游览路线。同时，门洞还是创造框景的重要手段之一，门洞作为景框，可以从不同的视景空间和角度，获得许多生动的风景画面。因此，通过门洞的巧妙运用，可以使庭园环境产生园中有园、景外有景、步移景异的景观艺术效果(见图 5-16)。

(一)门洞的形式

门洞一般为对称式，但在现代园林建筑中，也出现了一些新的不对称门洞形式，可以称之为自由型。如门洞的直线条与墙的曲线条形成刚柔对比，衬以绿色的树丛，打破了空间的呆板，形成自由的格局，同时起到将客人引向庭园的作用(见图 5-17)。

图 5-16　门洞将园内外景观相互联系与渗透

图 5-17　自由型门洞

根据门洞整体形状，门洞可以分为以下两大类。

1. 几何形门洞

几何形包括圆门、方门、六方门、八方门、圭形门、多角门、复合门等(见图 5-18)。

2. 仿生形门洞

仿生形包括海棠形，如意形，贝叶形，汉瓶形，桃、李、石榴水果形，葫芦形等(见图 5-19)。

图 5-18　几何形门洞实例

图 5-19　仿生形门洞实例

（二）门洞的设计要点

1. 从寓意出发，注重使用功能

充分考虑通过门洞的人流量，以确定适宜的门洞宽度。寓意“曲径通幽”的门洞，则多选用狭长形，使景物藏多露少，使庭园空间与景色显得更为幽深莫测（见图 5-20）。为获得“别有洞天”的效果，可选择较宽阔的门洞形式，如月门、方门等，以便多显露一些“洞天”景色，吸引观赏者视线（见图 5-21）。

图 5-20　狭长门洞

图 5-21　宽边门洞

2. 从整体效果出发，考虑艺术风格和谐统一

门洞的设置，无论采用哪种形式，都要考虑与景墙及周围山石、植物、建筑物等风格相协调。为了达到良好的景观效果，需考虑框景、对景、衬景和前、中、后景的结合。直线形的门洞要防止生硬、单调，曲线形的门洞要注意避免矫揉造作。苏州沧浪亭中的汉瓶门的曲线本属烦琐，但由于它在颜色与形状上同园中芭蕉取得恰当的对比效果，却显得自然新颖（见图 5-22）。

3. 门洞应用时，要注意边框的处理方法

传统式庭园中，一般门洞内壁为满磨青砖，边缘只留厚度为 3 ~ 4 cm 的条边，做工精细，线条流畅，格调优美秀雅。在现代公共庭园中，门洞边框多用水泥粉刷，条边则用白水泥，以突出门框线条。门洞内壁也有用磨砖、水磨石、斧凿石（斩假石）、贴面砖或大理石等。门洞边框与墙边相平或凸出墙面少许，显得清晰、明快。

三、窗洞设计

窗洞沟通了墙垣两侧的园林空间，利用园墙外面的景观，形成"框景"、"对景"，它不仅装饰墙面，还可以把两个相邻的空间分隔开来，又联系起来，形成园林空间的渗透及空间的流动，以达到园内有园、景外有景的意境。窗洞口设置得巧妙，可使人"触景生奇，含情多致"。所谓"轻纱环碧，弱柳窥青"，"伟石迎人，别有一壶天地"（《园冶》），正是这种框景效果的生动写照（见图 5-23）。

图 5-22　苏州沧浪亭的汉瓶门

图 5-23　窗洞框出的修竹与湖石

（一）窗洞的形式

窗洞的基本形式多与门洞相同，由于窗洞不受人流通过的限制，其形式较门洞更为灵活多变，窗洞一般分为空窗和花窗，其中花窗又分为景窗和漏窗。

1. 空窗

空窗，是指园墙上的明洞，完全是一空洞，但有时为了防风避雨而安装透明玻璃。既可采光通风，又可作为景框，从而扩大园林空间和景深（见图 5-24）。

2. 花窗

花窗同空窗不同，空窗虽也起分隔空间的作用，但其自身不做景象，在组景中以能起到景框的作用为主，而花窗自身有景，窗花玲珑剔透，窗外景亦隐约可见，具有含蓄的造园效果，在空间延伸方面，也能扩展封闭的空间（见图 5-25）。

图 5-24　空窗

图 5-25　花窗

在园墙空窗位置，用砖、瓦、木、混凝土预制小块花格构成灵活多样的花纹图案，此类花窗称为漏窗。游人通过漏窗来观赏墙外"漏"进来的景色，通过漏窗看到的景色给人一种空间似隔非隔、景物似隐非隐的效果，更能增添园林意境与效果。漏窗的花纹图案极为丰富，在苏州园林中就有数百种之多（可参阅《苏州古典园林》）。漏窗的构图可分为几何形体与自然形体两类，也常混用。几何形体图案多由直线、弧线、圆形等组成。自然形体多以花草树木、鸟兽鱼虫、人物故事为题材，此类漏窗又称景窗（见图 5-26）。

图 5-26　几种漏窗实例

（二）窗洞的设计要点

空窗在设计上，较门洞更为灵活多变，可竖向构图、方整形构图或横向构图，大小上的差异也可以变化较大，主要依据环境的特点加以设计。如园墙或走廊上连续的空窗，大多体形不大而式样各不相同，排列也有疏有密，以免重复单调（见图 5-27）。空窗的高度为便于眺望，多以人的视高为标准来确定。

花窗在艺术构图上，以直线组成的图案要简洁大方；以曲线组成的图案要生动活泼；直线与曲线组合时，通常以一种线条为主，直线和曲线都避免过于粗短或细长，以免产生笨拙、纤弱和凌乱的感觉。

图 5-27　园墙上形状各异的空窗

花窗在艺术效果上，主要通过明暗对比和光影的关系来体现。因此，花窗一般选择较为明快的色调，甚至在白粉墙上的空窗，也多使空花同墙面采用同一色彩(见图 5-26)。这样，在阳光照射下，外面看去黑白对比明确醒目，室内看去，明暗对比柔和宜人。有时为满足远看时造成空透的效果，近看时又有内容可以观赏，可把空花做成深色调。

第三节　花格、栏杆与装饰隔断

一、花格设计

(一)花格的功能

1. 花格作为装饰构件

在建筑立面及空间形体上，花格加强了建筑线条、质感、阴阳、繁简及色彩上的对比，恰当的花格装饰可使建筑更富有性格上的魅力，可使园林环境更为生动明快。花格装饰独具的特色是通透、轻巧(见图 5-28)。

图 5-28　通透、轻巧的花格装饰

2. 花格具有实用功能

花格不仅具有装饰作用，同时具有实用功能。如建筑及园林上的采光与通风、遮阳与换气、隐蔽与通透等功能都与花格紧密结合。

3. 花格是组织空间的手段

花格构成空间的特点是：空间流动，富有层次，其空间相辅相成、正逆相生。因此，在组织空间的构成上，既分隔又联系，既引导又终止，既隐蔽又通透，动中有静、静中有动，表现出空间效果的魅力。建筑及园林中使用的各种挂落、飞罩、隔扇、博古架及漏窗、栏杆、花格墙等都是组织空间的重要手段。

(二)花格的形式

1. 木花格

在我国，传统的木花格制作技术娴熟，图案丰富。常用于栏杆、扇门、漏窗、挂落、博古架、隔断等处(见图5-29)。选材时应选用硬质杂木或杉木。但木材不耐风化,要经过防腐处理。木花格的结合方法:常用木榫结合,也可用螺栓接合或用铁件钉牢。

2. 竹花格

竹花格具有古雅之风韵,极具地方特色。多用于栏杆、围墙、园门、漏窗等处(见图5-30)。选材时选用竹杆匀称、质地坚硬、竹身光洁,如广东及四川的茶杆竹。表面要经过防蛀、防腐处理。结合方法:常以竹销(或钢销)为主,也有用烘弯结合、胶合等。

图5-29　木花格

图5-30　竹花格

3. 镶玻璃花格

镶玻璃花格能使室内色彩产生柔和、悦目的效果,增强了建筑艺术的观赏性。常选用彩色玻璃、套色刻花玻璃、银光刻花玻璃、压花玻璃、磨砂玻璃和夹花玻璃等(夹花玻璃是在两片玻璃中间夹有色玻璃纸花样)。此类花格常与木花格、金属花格结合使用。

4. 金属花格

金属花格造型精致,有高雅、华贵之风韵。多用于栏杆、围墙、园门、花窗等处(见图5-31)。常用材料有扁钢、型钢、铝合金、铸铁、铜等。表面要经过防锈、喷漆、电镀等处理。结合方法有入榫、铆钉、螺丝、焊等。较复杂的纹样需先做木板放样,然后按样制作。

5. 砖花格

砖花格取材容易,施工方便,全国各地均能使用。多用于花格墙、围墙、栏杆等处(见图5-32)。具有坚固耐用的特点,规格上要求大小一致,多采用青砖、灰砂砖等。

图5-31　金属花格

图5-32　砖花格

6. 瓦花格

瓦花格历史悠久，具有生动、雅致、变化丰富的特点。多用于围墙、漏窗、屋脊等部位。结合方法：用水泥砂浆、白灰麻刀，或青灰砌结，高度不宜过高，顶部宜加钢筋砖带或混凝土压顶。

7. 混凝土、水磨石花格

混凝土、水磨石花格是一种经济美观的花格，目前已广泛地运用在园林中，可以整体预制或用预制块拼砌（见图 5-33）。混凝土、水磨石花格的制作模板，要求表面光滑，不易损坏，容易拆卸，模板宜做成活动插楔以便重复使用，浇筑前须涂脱模剂（如废机油或灰水等），以便脱模。

8. 仿生花格

用水泥制作的仿生花格，外观具有仿生型材的纹理与质感，很别致（见图 5-34）。多用于庭院园林，如仿木花格或仿竹花格。

图 5-33 混凝土花格

图 5-34 仿生花格

（三）花格的设计要点

1. 功能要求

明确设计花格的性格表现。不同的花格造型，体现出不同的性格，应按园林建筑及园林环境的内容进行花格造型设计，如厚重与轻快、纤巧与粗犷、庄重与活泼、朴实与华丽、雄伟壮观与亲近贴切等，均应考虑其内容及环境的要求。由此可见，花格应为建筑及园林环境的内容服务，在装饰中满足功能要求，尽量做到装饰与功能的有机统一，避免浮夸、虚假、华而不实的做法，或随处滥用。

2. 构图法则的要求

花格作为艺术作品，构图形式上应符合美学构图法则与规律，如统一、对比、均衡、韵律等。当然，在运用中应符合花格本身的特殊性。

3. 设计方法的主要规律

1）总体着眼，单体着手

花格构图的韵律与变化，都是以基本单元为基础的，而基本单元的纹样设计需从总体全局出发，从大处着眼，有总体画面的规划，才能有整体感，以达到统一和谐的效果。

2）阴阳相形，虚实相间

花格设计不仅纹样本身（即阳纹）设计要完美，而且要求底纹（阴纹）也必须有优美的图案形象。因为花格的纹样效果是由阴阳纹样互相衬托体现出来的，因此两者应互相均衡，互相穿插，互相对比，互相协调，才能产生耐人寻味的效果。由此可见，好的设计应事先有意识地注意到花样本身的设计及底纹的设计。

3）在规则中求变化，在变化中求规则

规则的纹样形成整齐、严谨的美观景象，但容易产生单调、呆板、缺少生机和活力的感觉；而不规则的纹样，又易零乱和不统一。故在规则的构图中，加入不规则的变化，可消除呆板和生硬的缺陷，但这些不规则的变化之间又有一定的规律可循，而不是随意乱变化，这样才能形成既整齐又活泼、既简单又丰富的生动效果。

4）少中有多，主中有次

即以很少的几种基本单元纹样，经组合排列，产生出丰富多样的图案效果；或采用某种主要单元纹样，加上某种次要单元纹样进行组合构图，使主次相间，产生丰富变化的效果，尤其在预制装配的花格中，更应注意到这点。

4. 坚固耐久，方便施工

花格设计，不但要考虑到施工方便，造型容易，而且要考虑各种材料的坚固性和耐久性。要对各种材料造成花格的粗细程度和支承的格架的间距作充分考虑，使花格之间受力关系合理，力的传导系统明确，确保满足其强度和稳定要求。

二、栏杆设计

（一）栏杆的功能

1. 围护作用

栏杆的首要功能是围护作用。为了限制游人进入绿地，常在边缘设栏杆（见图 5-35）。对于一些临水建筑或地形险要地段，为了保护游人安全，常在边缘设栏杆（见图 5-36）。

图 5-35　绿地边缘的围护栏杆

图 5-36　水边的扶手栏杆

2. 装点园林环境

栏杆通常以简洁、明快的造型，创造丰富的园林景观。无论在整体造型上，还是色泽上，均与周围环境相协调，给人以清新、淡雅之感。如造型简洁的半圆形栏杆与修剪成球形的植物从线条上相呼应，显得格外和谐统一（见图 5-37）。

3. 界定园林空间，组织疏导人流

园林绿地边缘的栏杆或不同功能分区边缘的栏杆，起到划分园林空间的作用，如道路边缘的栏杆，起组织疏导人流、提示导向的作用（见图 5-38）。

图 5-37　装饰环境的镶边栏杆

图 5-38　路边具有导向性的栏杆

4. 作为临时休息设施

园林栏杆具有为游人提供就坐休憩的作用，尤其是在环境优美、有景可赏之处，设以栏杆代替座凳，既有围护作用，又可就坐观赏风景，如园林中的座凳栏杆就是典型的例子（见图 5-39）。

图 5-39　座凳栏杆

（二）栏杆的分类

1. 按栏杆的高度划分

按栏杆的高度划分，可将栏杆分为低栏、中栏和高栏。

低栏：高度为 200 ~ 400 mm，按所处的环境可酌情增减，以观赏和陪衬为主，多是镶边栏杆。常用于草坪、花坛边缘，起界定空间的作用，如图 5-37、图 5-38 所示。

中栏：高度为 800 ~ 900 mm，以分隔空间和围护为主。常用于人流拥挤的大门、游乐场等限制入内的空间。起强调导向的作用，如图 5-36 所示。

高栏：高度为 1 100 ~ 1 300 mm 或 1 500 ~ 2 000 mm，以防范为主。常用于外围墙、动物笼舍、高低悬殊的地面等处，起分隔作用，如图 5-35 所示。

2. 按栏杆的使用功能划分

按栏杆的使用功能划分，可将栏杆分为扶手栏杆、座凳栏杆、靠背栏杆和镶边栏杆。

扶手栏杆：主要功能是围护，常设在地貌、地形变化的地段，交通危险的空间，人流集散的分界处，如岸边、码头、桥边、台地、道路等的周边（见图 5-40）。

座凳栏杆：既是栏杆又是座凳，兼有围护及就坐休息功能（见图 5-41）。

靠背栏杆：栏杆起围护作用，座椅面可休息（见图 5-42）。

镶边栏杆：常设在园林的草坪、花坛、树池等周边（见图 5-43）。

图 5-40　扶手栏杆

图 5-41　座凳栏杆

图 5-42　靠背栏杆

图 5-43　镶边栏杆

3. 按栏杆的明暗虚实划分

按栏杆的明暗虚实划分，可将栏杆分为空栏和实栏（见图 5-44、图 5-45）。

图 5-44　空栏

图 5-45　实栏

（三）栏杆的设计要点

1. 栏杆的位置决定其形式

不同的环境，需要有不同形式的栏杆与其相协调，以此来衬托环境，增强景观的表现力。一般来说，临水宜多设空栏，避免视线受到过多的阻碍，以便观赏波光倒影、游鱼禽鸟及水生植物等（见图 5-44）。高台和地形变化较大地段，多构筑实栏，游人登临远眺时，实栏可给人以较大的安全感（见图 5-45）。

2. 栏杆的尺度控制

栏杆在构图上具有垂直方向的性质，又接近游人，其尺度合适与否易于为人察觉。特别是在小空间的庭园中，若配以适当小尺度的栏杆，通过对比可以使人顿时感到空间之大，虽处斗室，亦无局促之感。如在某庭园的入口，虽咫尺空间，但对进门的小桥栏杆作了恰如其分的小尺度处理，使庭园空间显得开阔起来。若不设栏杆，空间没有最小的量度单位，反而不能达到以小衬大的目的。

3. 栏杆的韵律

栏杆具有连续的性质，重复出现的构件必然涉及韵律的处理问题，例如疏密、虚实、黑白等关系。栏杆在设计和施工时，常按单元来划分。对于单元栏杆的造型，以简洁为雅，切忌烦琐（见图 5-46）。

4. 栏杆的材料

园林栏杆的材料很多，如砖石、木材、竹材、金属等。选材时首先要考虑满足功能要求，如围护栏杆选用的材料强度高，而镶边栏杆选用的材料强度低；选材又与栏杆造型有关，设计持重、粗实的栏杆，与轻巧、纤细的栏杆在选择材料上各有讲究；选材还与栏杆所处的周围环境有关（见图 5-47），厚重栏杆与河边的大块条石相协调。在材料的选择上，本着美观大方、经济耐用、就地取材、与环境协调、体现地方特色的原则。

图 5-46　简洁、富有韵律的栏杆

图 5-47　小桥栏杆

5. 坚固要求

栏杆作为园林建筑装饰小品，人们较注意其美观的形象，因而经常忽视了栏杆使用功能中对坚固的要求，甚至重美观、轻坚固，从而造成使用中的不安全。栏杆立柱务必要有较深的基础，立柱间距不可过大，一般为 2 000 ~ 3 000 mm，应按材料确定。受力的横杆应有足够的强度要求，衔接应牢固。

三、装饰隔断设计

装饰隔断是在我国古代建筑“博古架”、“落地罩”等形式上发展起来的。它是组织空间的一个重要手段，通常把空间处理得透而不空，封而不闭，使简单与平淡的园林空间，变得富有层次感（见图 5-48）。按其所处的位置，可分为柱间、墙段、门位等几类。按其样式又可为博古式、栅栏式、组合式和主题式等几类。

对于装饰隔断设计，首先要明确它所处的位置。处于建筑外檐柱间的装饰隔断，主要取其装璜作用，样式的设计要从建筑全局来考虑，要与建筑的整体性相协调；处于建筑墙段上的装饰隔断，往往带有墙体的功能性，虽要求通透，但在虚实比例上宜偏于实；处于门位的装饰隔断，常选择用“落地罩”形式，并可供陈设盆景，或处理成与建筑功能有关的主题装饰图案。

图 5-48　装饰隔断

装饰隔断的设计，对式样的选择、尺度的推敲、虚实的协调要认真琢磨。在自由布局的图案选型处理上、在从形象的刻划到画面的布局上都要精心设计。

第四节　园桌、园凳和园灯

一、园桌、园凳设计

(一)园桌、园凳的功能

1. 提供休息场所，供人赏景

园桌、园凳的首要功能是供游人驻足休息，互相交流，欣赏周围景色。在道路边，河湖岸边，林荫广场下，园桌、园凳比比皆是，成为不可缺少的园林设施(见图 5-49)。

图 5-49　路边休息桌凳

2. 组织景点，装饰小品

园桌、园凳，作为园林建筑小品，以其精巧的外观造型，富有创意的表现形式，点缀着园林空间，成为一道靓丽的风景线(见图 5-50)。在园林中恰当地设置园凳，将会加深园林意境的表现，如图 5-51 所示，在苍松古槐之下，设以自然山石的桌凳，使环境更为幽雅古朴。

(二)园桌、园凳的设计要点

1. 园桌、园凳的位置

基于人的依靠性和安全性心理，桌凳应该退后道路一段距离，或是在道路两旁使用凹陷空间，如图 5-52 所示，形成一个半私密性的空间，避免休息人群与行人之间的相互干扰，后部最好有一定遮挡和围合，以增强人的安全感。在路的两侧同时设置时，宜交错布置，切忌正面相对，那样会影响游人的交谈；在小型广场设置时，宜用周边式布置，如图 5-53 所示，以免影响行人通过；在路的尽头设置时，应在尽头开辟出一小场地，将园凳布置在场地周边，如图 5-54 所示。

图 5-50　造型别致、立意新颖的桌凳

图 5-51　自然山石桌凳

2. 园桌、园凳的形式

通过调查发现，曲线形或成角布置的座椅往往得到人们的偏爱，因为这种形式可以使开始交谈变的容易些，而从不愿交谈的窘况中解脱出来也比较方便。比如弧形座椅，人们通过调整自己就坐的方向就可以很快改变与他人之间的空间关系，可以随意地选择是与他人交谈还是观赏周围的景致，如图 5-55 所示。

图 5-52　路边桌凳的布置

3. 符合人体的尺度

根据普通成年人休息坐姿的尺寸，园凳的尺寸设计为：坐板高度 350～450 mm，坐板水平倾角 6°～7°，椅面深度 400～600 mm，靠背与坐板夹角 98°～105°，靠背高度 350～650 mm，坐位宽度 600～700 mm/人。园桌的尺寸设计为：桌高 700～800 mm，桌宽 700～800 mm（四人方桌）或直径 750～800 mm（四人圆桌），坐位的多少要根据周边的环境而定。

图 5-53　广场周边桌凳的布置

图 5-54　园路尽端桌凳的布置

图 5-55　弧形座椅

4. 材料和质感

园桌、园凳的制作材料丰富，有木材、石

材、混凝土、钢材等。木材触感、质感好，基本不受夏季高温和冬季低温的影响，易于加工，而且色彩比较中性，容易让人产生亲切感，为了增强其耐久性，常在木材中注入防腐剂；石材质地坚硬，夏热冬凉，耐久性好，通常将座面用木质材料进行处理；不锈钢光洁度高、美观，但热传导性强，受环境温度影响大；现在用钢筋混凝土加染料制作仿木园桌、园凳，应用的也很多，效果良好。各种桌凳（见图 5-56）材料应本着美观、耐用、实用、舒适、环保的原则选择。

(a) 木凳　　(b) 石凳

(c) 金属凳　　(d) 水泥仿木凳

图 5-56　不同材质的园桌、园凳

二、园灯设计

（一）园灯的功能

园灯既有照明功能又有点缀装饰园林环境的功能。选择造型新颖的园灯，在白天可点缀园林组景（见图 5-57）。夜间可指示和引导游人，同时可丰富园林的夜色，特别是临水园灯，衬托着涟漪波光，别具一番风味。园灯还有突出组景重点，与园路结合有层次地展开组景序列和勾画园林轮廓的作用，如图 5-58 所示。

（二）园灯的分类

1. 纯属引导性的照明园灯

这类园灯纯属引导性的，使人循灯光指引起到导游的作用。在布置时，要注意两灯之间应保持一定的连续性和呼应（见图 5-59）。

图 5-57　造型别致装饰环境的园灯

图 5-58　有层次地展开组景序列的园灯

2. 突出园林轮廓线的园灯

在较大面积的庭园、花坛、广场和水池间设置园灯，用来勾画园林的轮廓，使园林空间在夜间仍然不失其风貌，如果再加以彩色光辅助将更加生动(见图 5-60)。在上海明珠苑的道路边布置的圆形园灯，既丰富了夜景，又具有突出园林轮廓线的作用，还与总体圆形线条相协调，可谓是创作上的佳品。

图 5-59　照明园灯

图 5-60　勾画园林的轮廓的园灯

3. 特色照明的园灯

此类园灯并不在乎有多大的照明度，而在于创造某种特定的气氛(见图 5-61)。我国传统庭园和日本和风庭园中的石灯都属于此类园灯。杭州西湖的三潭印月，每当月明如洗，亮着的三个葫芦形石灯在湖面上便会出现灯月争辉的奇异景色。

图 5-61　特色照明的园灯

(三) 园灯的设计要点

1. 位置选择

园灯一般设在园林绿地的出入口广场、交通要道、园路两侧及交叉口、台阶、桥梁、建筑物周围、水景喷泉、雕塑、花坛、草坪边缘等。

2. 环境与照度的要求

园灯设计应保证有恰当的照度。根据园林环境地段的不同，有不同的照度要求，如出入口广场等人流集散处,要求有充分足够的照度,而在安静的散步小路则只要求一般照度即可。整个园林在灯光照明上需统一布局,以构成园林中的灯光照度既均匀又有起伏,具有明暗节奏的艺术效果,但也要防止出现不适当的阴暗角落。

3. 灯柱高度的选择

要保证有均匀的照度,首先灯具布置的位置要均匀,距离要合理。其次,灯柱的高度要恰当。园灯设置的高度与用途有关,一般园灯高度为 3 m 左右;大量人流活动的空间,园灯高度一般为 4 ~6 m;用于配景的灯,其高度应随宜而定,有 1 ~2 m 高的,甚至数十厘米高的不等,而且灯柱的高度与灯柱间的水平距离比值要恰当,才能形成均匀的照度。一般园林中采用的比值为,灯柱高度/水平距离 =1/12 ~1/10。

4. 避免刺目的眩光

产生眩光的原因,其一是光源位于人眼水平线上、下 30°视角内;其二是直接光源易于产生眩光。避免眩光的措施:确定恰当的高度,使发光源置于产生眩光的范围外,或将直接发光源换成散射光源,比如加乳白灯罩等。

第五节　展览栏、标牌与果皮箱

一、展览栏、标牌

(一)展览栏、标牌的功能

1. 宣传教育功能

作为宣传教育设施,展览栏形式活泼,展出内容广泛,有科技、文化、艺术、国家时事政策,既宣传政策教育,又增进知识,因此深受群众喜爱,如图 5-62 所示。

2. 导游、提示功能

一种是在园林各路口设立交通指示标牌,协助游人顺利到达各游览地点,尤其在道路系统较复杂、景点较丰富的大型园林中,更为必备,如图 5-63 所示;一种是告诫提示标牌,通过它告诫人们应注意什么或应做什么,如图 5-64 所示;还有一种是以题(咏)名的题名牌,如图 5-65 所示。

图 5-62　展览栏

3. 点景功能

展览栏、标牌具有点缀园林景致的作用,陪衬环境,构成局部构图中心。因此,要求建筑小品在造型上必须具有良好的观赏性,不能只注重内容而忽视其外美,如图 5-66 所示。

(二)展览栏、标牌的设计要点

1. 位置选择

展览栏为了充分发挥宣传教育的作用,宜选在停留人流较多的地段,以及人流必经之处,例如出入口广场周围、道路两侧、建筑物周围、亭廊附近等处;交通指示标牌适宜设在

图 5-63　交通指示标牌

图 5-64　告诫提示标牌

图 5-65　题名牌

道路转弯和交叉口处；告诫提示标牌适宜设在路边绿地；题名牌适宜设在出入口等处。

2. 地段要求

展览栏应往后退出人流路线，以免人流互相干扰。展览栏前应留有足够的空地，且应地势平坦，以便游人参观，周围最好有休息设施，环境优美、舒适，以吸引游人在此停留。

3. 与周围环境协调

尺寸要合理，体量要适宜，大小高低应与环境密切结合，与周围景物协调统一。

图 5-66　具有点景功能的门标牌

4. 处理好内容与形式的关系

在造型上，要注意处理好其观赏价值和功能的关系，片面注意哪一方面都会影响其景观效果。

5. 照明设计和通风

应做好展览栏的照明设计及通风设施。照明可丰富夜间园林景色效果，增强表现展览栏的造型，并为夜晚参观必备的设施，故照明应考虑画面的均匀照度，不可有刺目的眩光，一般宜用间接光源。由于人工照明及日照将引起展览窗内温度增高，对展品不利，因此一般在展览窗的上部做透光小窗口，以排热气，降低气温。

二、果皮箱

（一）果皮箱的功能

园林是为游人提供休闲娱乐的场所，因此游人在活动中必然离不开饮食，自然会有一些废弃物产生，而果皮箱是解决各种废弃物的最好设施。果皮箱在园林中是一种不雅观的设施，如果处理不好，不但会影响游人的使用需要，而且会影响园林景观，因此果皮箱的设计在园林中具有不可忽视的作用。好的果皮箱可以给人一种美感，为园林增添景致，如图 5-67 所示为 2006 年沈阳世博园昆明园中的果皮箱，造型与大观楼相协调，并与标牌组成点景。

图 5-67　果皮箱

（二）果皮箱的设计要点

1. 位置选择

果皮箱贯穿于园林的游览路线，一般安排在园路两侧、交叉口、绿篱旁等处。在广场中设置果皮箱，要以不影响人们的活动为准，最好布置在大树下，如图 5-68 所示。果皮箱的位置既不能特别醒目，又不能过于隐蔽，太醒目影响景观效果，因为难免有一些废弃物要被丢落在果皮箱外；太隐蔽又不方便游人的使用，要结合具体周边环境来布置。如图 5-69 所示，将果皮箱布置在交叉口的路边树丛下，方便使用并且具有极佳的景观效果。

图 5-68　大树下的果皮箱

图 5-69　交叉口路边树丛下的果皮箱

2. 材料选择

果皮箱的材料选择，首先要结实耐用，同时应防水和不易燃。目前，使用较多的有不锈钢材料、玻璃钢材料、铁制材料，或几种材料组合而成，这些材料都具有良好的使用效果，如图 5-70、图 5-71 所示。

3. 造型新颖

因果皮箱是一种不雅观的公共设施，故其外观造型设计就显得尤为重要，要求设计要有创意，富有情趣，从表观上给人一种舒适的感觉。如图 5-72 所示为红色桶状果皮箱，无论是线型还是颜色都与周周建筑小品风格一致。

图 5-70　金属与石材结合的果皮箱

图 5-71　金属果皮箱

图 5-72　造型与环境相协调的果皮箱

第六节　铺地、台阶、蹬道

一、铺地设计

(一) 铺地的功能

园林路径不同于城市道路，其交通功能从属于浏览要求，在保证人流疏散的同时，更讲究装饰作用，路面本身就是一种“景”。一条小路虽属平凡之工，但放到园林内部来却一定要它脱尘俗之气，即达到“路径寻常，阶却脱俗”的效果。

游人观赏风景时，沿着一定的游览线路进行，铺地延长了游览路线，增加了游览程序、扩大了景象空间，烘托了园林气氛，创造了雅致的景观艺术效果，如图 5-73 所示绿地中的铺地，整体线型流畅，路边配以树丛、花带、灯具、块石，给人以一种自然活泼、流畅和轻松的感觉。

(二) 铺地的种类

1. 整体铺地

用钢筋混凝土或沥青铺筑成的路面，具有平整度好，路面耐压、耐磨，养护简单，便于清扫等特点，缺点是色彩多为灰色和黑色，观赏性较差，一般适合于园林的主路，如图5-74、图5-75所示。

2. 块料路面

1）砖铺地

目前，我国机制标准砖的大小为240 mm×115 mm×53 mm，砖有青砖和红砖之分。园林铺地多用青砖，风格朴素淡雅，施工简便，如图5-76所示，还可以拼凑成各种图案，以席纹和同心圆弧放射式排列为多，如图5-77所示。因其耐磨性差，容易吸水，故适

图5-73　线型流畅的铺地

图5-74　钢筋混凝土铺地

图5-75　沥青铺地

用于冰冻不严重和排水良好之处，坡度较大和阴湿地段不宜采用，以防因其易生青苔而行走不便。目前，已有采用彩色水泥仿砖铺地，效果较好。大青方砖规格为500 mm×500 mm×100 mm，平整、庄重、大方，多用于古典庭园。

图5-76　风格朴素淡雅的砖铺地

图5-77　图案砖铺地

2）块石铺地

块石铺地是用块石铺筑而成，如木纹板路、拉条水泥板路等，这种路面简朴、大方，如图5-78所示。各种拉条路面，利用条纹方向变化产生的光影效果，加强了花纹的效果，不仅有很好的装饰性，而且可以防滑和减少反光强度，美观、舒适（见图5-79）。

图 5-78　拉条水泥板块石铺地

图 5-79　美观、防滑的块石铺地

3）预制水泥混凝土砖铺地

预制水泥混凝土砖铺地可用预制模具制成的混凝土砖，铺砌成形状多变、图案丰富的路面，如图 5-80 所示；也可添加无机矿物颜料制成彩色混凝土砖，色彩艳丽，路面平整、坚固、耐久，适用于园林中的广场和规则式路段上；也可做成半铺装留空嵌草路面，如图 5-81 所示。

图 5-80　预制混凝土砖铺地

图 5-81　预制混凝土砖嵌草铺地

3. 碎料铺地

碎料铺地是指用碎石、卵石、瓦片、碎瓷等碎料拼成的路面，又称花街铺地。图案精美丰富，色彩素艳和谐，风格或圆润细腻或朴素粗犷，做工精细，具有较好的装饰效果和较高的观赏价值，有助于强化园林意境，具有浓厚的民族特色和情调，多见于古典园林中。

1）卵石铺地

卵石铺地是以各色卵石为主铺筑的路面。借助卵石的色彩、大小、形状和排列的变化可以组成各种图案，具有很强的装饰性，起到增强景区特色、深化意境的作用。这种路面耐磨性好、防滑，但清扫困难，卵石易脱落（见图 5-82）。多用于花间小径、水旁亭榭的周围。

2）雕砖卵石铺地

雕砖卵石铺地，又被誉为“石子画”，它是选用精雕的砖、细磨的瓦和经过严格挑选的各色卵石拼凑成的路面。图案内容丰富，以花鸟鱼虫、传统民间图案、盆景、寓言故事等为题材进行铺砌加以表现(见图 5-83)。多见于古典园林中的道路,如故宫御花园通路,精雕细刻,精美绝伦,不失为我国传统园林艺术的杰作。

图 5-82　卵石铺地

图 5-83　雕砖卵石铺地

3)冰纹铺地

冰纹铺地,是用边缘挺括的石板,模仿冰裂纹样铺砌的地面,石板间接缝呈不规则折线,可以用水泥砂浆勾缝(见图 5-84),多为平缝和凹缝,以凹缝为佳。也可以不勾缝,便于草皮长出,形成冰裂纹嵌草路面(见图 5-85)。还可做成水泥仿冰纹路,即在现浇混凝土路面初凝时,模印冰裂纹图案,表面拉毛,效果也较好。冰纹路适用于林中的游步道、池畔、山谷、草地。

图 5-84　勾缝冰纹铺地

图 5-85　不勾缝冰纹铺地

4. 汀石、步石与嵌草铺地

汀石是在水中设置的步石,使游人可以平水而过,汀石适用于窄而浅的水面,如在小溪、涧、滩等地。为了游人的安全,石墩不宜过小,距离不宜过大,一般数量也不宜过多。图5-86 池中的一组荷叶汀步,用混凝土制成,比例适度,疏密相间,与荷花相映成趣,极大地丰富了人们游览的情趣。

图5-86　汀石

步石是在自然式草地或建筑附近的小块绿地上,用一至数块天然石块或预制成圆形、树桩形、木纹板形等的铺块,自由组合于草地之中。一般步石的数量不宜过多,块体不宜太小,两块相邻块体的中心距离应考虑人的跨越能力和不等距变化。这种步石易与自然环境协调,能取得轻松活泼的效果(见图5-87)。

图5-87　步石

嵌草路面把天然石块和各种形状的预制混凝土块石,铺成冰裂纹或其他花纹。铺筑时在块料间留3~5 cm的缝隙,填入培养土,然后种草。常见的有冰裂纹嵌草路、木纹混凝土嵌草路、梅花形混凝土嵌草路、花岗岩石板嵌草路等。

(三)铺地的设计要点

1. 铺地方式的选择

必须根据不同环境、因地制宜合理地选择铺地方式,以满足使用与观赏的要求。在庭园及平整的园路常以方砖砌筑,色彩素雅;园内曲折的小径,则常以砖、瓦、卵石等材料相配合,组成图案精美、色彩丰富的地纹;登山的台阶、蹬道等,则常以条石、湖石、乱石砌筑,有时就在岩石上凿成步印,成为一体,简练、粗犷、自然。

2. 铺地纹样的设计

铺地纹样的设计,重视其装饰风格。地纹简洁、明朗、色彩丰富。现代观念对地纹设计的影响，使地纹富于时代感。图 5-88 所示花岗岩和洗米石铺贴的 2008 年奥运会会标，很精细、新颖。铺地能较为自由地表现各种题材，使路面更好地成为景观的组成部分，丰富和加深景的情趣。图 5-89 所示为方形青砖加圆形卵石铺地，一规正一圆润，效果较好。

图 5-88　**花岗岩和洗米石铺地**

图 5-89　**方形青砖加圆形卵石铺地**

3. 铺地材料的选择

由于游人多，各种服务设施管理的需要也相应增多，这就要求铺地既承受更大的负担，更坚固、更耐压、更耐磨，能就地取材，体现地方特色，又具有经济效果。

二、台阶、蹬道设计

（一）台阶、蹬道的功能

中国园林以自然起伏的地形为主体，形成了丰富多彩的园林景观，而对竖向方向上园林景观的欣赏，多借助于台阶、蹬道来实现（见图 5-90、图 5-91）。台阶和蹬道在园林建筑中主要作为垂直方向的联系手段，随着人们视线的升高，把最佳的观赏点按照一定的观赏程序合理地布置和巧妙地串连起来。同时，在构图上可以分隔空间，打破水平构图的单调感，能使游人产生一种美好的韵律感。另外，台阶和蹬道具有导游的作用，引导人们按一定的游览路线观赏景物。

图 5-90　**台阶**

图 5-91　**蹬道**

（二）台阶、蹬道的形式

1. 全封闭式台阶、蹬道

这类台阶、蹬道主要设置在山体的中部，多为上山路或下山路。两面均为山石，以此代替了栏杆，使游人感到安全。两侧的视线封闭，只有前后通视，具有抑景作用。当游人在其中行进时，常常会创造一种“山重水复疑无路，柳暗花明又一村”的景观效果（见图 5-92）。

2. 半封闭式台阶、蹬道

这类台阶、蹬道多位于地势险要的位置，其一面为其他物体所遮挡，多为山体，视线不能够通过，而在另一面则可以通视，一般都有好的景色，游人可以通过此面观赏园林景色（见图 5-93）。

图 5-92　全封闭式蹬道

图 5-93　半封闭式蹬道

3. 开敞式台阶、蹬道

这类台阶、蹬道设置在景观效果良好的位置，在台阶、蹬道的两侧经常有秀丽的景观，游人在行走过程中，随着视点的升高，周围的景观不断发生变化，有一种步移景异之感，使游人在观赏中不知不觉地向上攀登（见图 5-94）。

图 5-94　开敞式台阶、蹬道

（三）台阶、蹬道的设计要点

当地面的坡度超过 12°时，就应该设台阶；当地面的坡度超过 20°时，必须设置台阶；当地面的坡度超过 35°时，在台阶的一侧应设扶手栏杆；当地面坡度达到 60°时，则应设置蹬道。

1. 台阶设计

台阶在园林建筑中主要作为垂直方向的联系手段，一般为 3 ~ 18 阶，台阶过少不能引起人们注意而绊倒，过多人们上台阶太累。中间留 1 ~ 3 m 的休息平台，踏高多为 15 cm 左右，踏宽多为 28 ~ 38 cm；在儿童活动场地，踏高应为 10 ~ 12 cm，踏宽是一样的。一般在主路不宜设台阶。为了防止台阶积水、结冰，每一台阶应有 1% ~2% 向下倾斜的坡度，以利排水。另外，如果坡面较长，坡度较小而又必须做台阶时，可加大踏宽（见图 5-95）。

图 5-95　加大踏宽台阶

2. 蹬道设计

蹬道是局部利用天然山石或裸露岩石凿出的，或用水泥混凝土仿树桩、假石等塑成的上山台阶，一般在自然风景区的上山路多采用蹬道，具有山林野趣。另外，对于有些过长的蹬道，应考虑游人在游览过程中的体力消耗，应根据环境条件和功能需要而设置一些平台，蹬道每上升 15 ~20 级时，应留 1 ~3 m 的休息平台。

第七节　喷泉、雕塑

一、喷泉设计

喷泉有天然与人工之分。世界上著名的天然喷泉是格兰喷泉，位于美国洛基山脉禁猎区，在海拔 2 000 多 m 的高地上，喷射高达 73 m 的水柱，景色十分壮观。我国西藏的羊八角、甘肃的宕昌间歇泉，所喷射出的水柱和蒸汽，在雪山蓝天的衬映下，格外的明快绚丽，壮观异常。人工喷泉起源于西方，多饰以人物、动物或以神话故事为题材的雕塑，成为美化城市广场、公共绿地和公园的常见的造景手法（见图 5-96）。

图 5-96　喷泉与雕塑组合

(一)喷泉的功能

1. 造景作用

喷泉自身作为一种独立的艺术作品,可以使人精神振奋、陶冶情操,能使园林空间富有生气,丰富城市的文化面貌。比起植物或其他园林小品,它具有收效快、点景力强、易于突出造园的效果(见图5-97)。

2. 净化空气

喷泉喷出的水雾,能增加周围空气的湿度、减少尘埃,还能大大提高空气中的负氧离子的含量,起到调节小气候的功效,从而有利于提高空气环境质量,增进人们的身心健康(见图5-98)。

图5-97　喷泉与廊的完美组合

图5-98　美化环境的人工喷泉

(二)喷泉的分类

1. 壁泉

壁泉是由墙壁、石壁和玻璃板上喷出,顺流而下形成帘和多股水流。一般布置在广场、居住区入口、景观墙、挡土墙、庭院等处(见图5-99)。

2. 涌泉

涌泉是水由下向上涌出,呈水柱状,可独立设置,也可以组成图案。一般布置在广场、居住区、庭院、假山、水池等处(见图5-100)。

3. 间歇泉

间歇泉是模拟自然界的地质现象,每隔一定时间喷出水柱和气柱。一般布置在溪流、小径、泳池边、假山等处。

4. 旱喷泉

旱喷泉是将喷泉管道和喷头下沉到地面以下,喷水时水流回落到广场硬质铺装上,沿地面坡度排出,平常可作为休闲广场。一般布置在广场和居住区入口等处(见图5-101)。

5. 跳泉

跳泉射流非常光滑稳定,可以准确落在受水孔中,在计算机控制下,生成可变化长度和跳跃时间的水流。一般布置在庭院、路边、休闲场所等处(见图5-102)。

图5-99　壁泉

图5-100　涌泉

图5-101　旱喷泉

图5-102　跳泉

6. 跳球喷泉

跳球喷泉射流呈光滑的水球，水球大小和间歇时间可以控制。一般布置在庭院、路边、休闲场所等处（见图5-103）。

7. 雾化喷泉

雾化喷泉由多组微孔喷泉组成，水流通过微孔喷出，看似雾状，多成柱形和球形，一般布置在庭院、路边、休闲场所等处（见图5-104）。

8. 喷水盆

喷水盆外观呈盆状，下有支柱，可分多级，当水满盆时，沿着盆的四周自然溢出，出水系统简单，可独立设置，也可与其他形式喷泉结合设置。一般布置在园路边、庭院、休闲场所等处（见图5-105）。

9. 小品喷泉

小品喷泉从雕塑状器具（罐、盆）和动物（龙、鱼）口中出水，形象逼真、有趣。一般布置在广场、群雕、庭院等处（见图5-106）。

10. 组合喷泉

组合喷泉具有一定的规模，喷水形式多样，有层次，有气势，喷射高度高，一般布置在

图 5-103　跳球喷泉

图 5-104　雾化喷泉

图 5-105　喷水盆

图 5-106　小品喷泉

广场和居住区入口(见图 5-107)。

图 5-107　组合喷泉

(三)喷泉的设计要点

1. 喷泉对环境的要求

喷泉设计场所与设计形式见表 5-1。

表 5-1　喷泉设计场所与设计形式

喷泉设计场所	喷泉设计形式
开朗空间(如广场、车站前、公园入口、轴线交叉中心)	宜用规则式水池,水池宜大,喷水要高,水姿丰富,适当照明,铺装宜宽、规整,配盆花
半围合空间(如街道转角、多幢建筑物前)	多用长方形或流线型水池,喷水柱宜细,组合简洁,草坪烘托
特殊空间(如旅馆、饭店、展览会场、写字楼)	水池圆形、长方形或流线型,水量宜大,喷水优美多彩,层次丰富,照明华丽,铺装精巧,常配雕塑
喧闹空间(如商厦、游乐中心、影剧院)	流线型水池,线型优美,喷水多姿多彩,水形丰富,音、色、姿结合,简洁明快,山石背景,雕塑衬托
幽静空间(如花园小水面、古典园林中、浪漫茶座)	自然式水池,山石点缀,铺装细巧,喷水朴素,充分利用水声,强调意境
庭院空间(如建筑中、后庭)	装饰性水池,圆形、半月形、流线型,喷水自由,可与雕塑、花台结合,池内养观赏鱼,水姿简洁,山石树花相间

2. 用水的给排水方式

对于流量为 2～3 L/s 的小型喷泉,可直接由城市自来水供水。使用后直接排入城市雨水管道。为了保证喷水具有稳定的高度和射程,供水需经过特设的水泵加压。

对于大型喷泉,一般应采用循环供水,其方式可以设水泵房,也可以将潜水泵置于水池内供水。在有条件的地方,可以利用天然高位水作为水源,用完自行排除。

3. 选择喷头

喷头的作用是把具有一定压力的水,流经喷头后,形成多种设计的水花。因此,喷头的形式、结构、质量和外观等,都对整个喷泉的艺术效果产生重要的影响。喷头受高速水流的摩擦,一般需选用耐磨性好、不易锈蚀,又具有一定强度的黄铜或青铜制成。喷头出水口的内壁及其边缘的光洁度,对喷头的射程及喷水造型有很大的影响。

4. 喷泉的水力计算

根据公式及实际情况,合理计算喷泉的流量、管径、扬程。

5. 管线布置

喷泉的管线,主要由输水管、配水管、补充供水管、溢水管及泄水管等组成。由于在喷射过程中一部分水会被风吹走等,造成喷水池内水量的损失,需设补充供水管;溢水管直通城市雨水管,其管径大小应为喷泉进水口面积的一倍;泄水管一般采用重力泄水,大型喷泉应设泄水阀门,小型水池只设泄水塞等简易装置;连接喷头的水管,不能有急剧的变化,如有变化必须使水管管径逐渐由大变小,并在喷头前设一段长度适当的直管,其长度不小于喷头直径的 20～50 倍,这样能保持射流的稳定。

二、雕塑设计

(一)雕塑的功能

雕塑是具有强烈感染力的一种造型艺术,题材大多是人物和动物的形象,也有植物或山石以及抽象的几何形体,它们来源于生活,又高于生活,既反映时代精神面貌,又装饰环境,陶冶人们的情操(见图5-108)。在我国传统园林中,尽管那些石鱼、石龟、铜牛等雕塑会受到迷信色彩的渲染,但大多具有鉴赏价值,有助于提高园林环境的艺术趣味。

图5-108　女娲补天雕塑

(二)雕塑的分类

1. 人物雕塑

这类雕塑的题材,多以历史传说为依据,将人物予以艺术处理,赋予特殊的寓意,深受广大游人的喜爱(见图5-109)。

图5-109　纪念性雕塑

2. 动物雕塑

这类雕塑以其装饰性和趣味性强的小品造型来表达其生命的活力,青春的美妙、爱的高尚等,它们强烈的生活气息,激发人们对美好生活的热爱和向往(见图5-110)。

图5-110　天鹅雕塑

3. 抽象雕塑

在现代园林中，抽象雕塑越来越普及，特别是在一些城市的文化广场中更是屡见不鲜，这类雕塑通过抽象几何形体来表达一定的象征意义（见图5-111）。

图5-111　奥运雕塑

（三）雕塑的设计要点

1. 考虑环境要素

雕塑的取材应与园林环境相协调，互相衬托，相辅相成，才能加强雕塑的感染力，绝不能只孤立地研究雕塑本身，应从园林环境的平面位置、体量大小、色彩、质感各方面进行全面的考虑，要有统一的构思，使雕塑成为园林环境中一个有机的组成部分。此外，题材的选择要善于利用地方的民间传说和历史遗迹。

2. 合理的视线距离

人们观察一座雕塑，大致有以下过程：首先观察其大体轮廓，欣赏雕塑的总体形象及环境效果；其次观赏雕塑的个体形象，欣赏其造型气势、神态、色彩等；最后观察其细部、质地、纹理等。因此，在整个观察、欣赏过程中应有远、中、近三种不同的距离，才能保证良好的欣赏效果。又由于雕塑的三维空间特点，还要考虑到多方向观察的最佳方位的合理距离。

3. 适宜的空间尺度

雕塑体的大小与所处的空间应有良好的比例关系，空间过于拥挤，则难以全面欣赏雕塑，空间过于空旷，则失去雕塑品的应有表现力。此外，要处理好雕塑与人相关的尺度关系，使其具有宜人的空间效果。由于视线的影响，还要考虑观赏折减和透视消逝的关系，对形象的上下、前后应做一定的修正和调整。

4. 基座的处理

同基座直接结合在一起的建筑要素，一般指基座。基座的处理应根据雕塑的题材和它们所存在的环境综合考虑，在造型上烘托主体，并渲染气氛，加强雕塑整体的表现力，切不可喧宾夺主。

5. 色彩

适宜的色彩将使雕塑形象更为鲜明、突出。雕塑的色彩与主题形象有关，应与环境及背景的色彩密切相关。如白色的雕塑与浓绿的植物形成鲜明的对比，而古铜色的雕塑与蓝天、碧水互成美好的衬托。现代雕塑的色彩，材料均比以往大为丰富，而园林环境亦绝非仅是植物，故应认真考虑其色彩上互相衬托的关系。

第六章　园林建筑设计实训

第一节　亭的设计实训

一、教学要求

亭，是古今中外园林中应用最为广泛、形式变化极为丰富的一种重要的园林建筑。在设计中应继承我国优秀的园林传统，对于更好地创造新园林实践具有很高的借鉴作用。通过分析研究优秀亭的创作思想、经验教训，启发和指导初学者的创作实践。通过本次实训，需要达到以下教学目的：

(1)培养独立工作能力，掌握小型园林建筑的设计步骤，提高设计水平。

(2)开阔眼界，通过学习调研古今优秀的亭的设计实例，深入领会园林建筑的设计方法和技巧，提高理论水平，并能够灵活应用，指导创作实践。

(3)准确绘制亭的周边环境图、平面图、立面图、效果图，巩固设计图纸的各种常见表现手法和技巧。

二、设计任务

拟在某绿地内建造一个亭，周边环境、造型、布局、材料等均不限，但必须与周围环境相结合。

三、图纸要求

(1)周边环境图：比例自定。

(2)平面图：1∶10，1∶20，1∶30，1∶50(任选其一)。

(3)立面图：比例同平面图。

(4)透视效果图。

(5)设计说明：从园林建筑的设计方法和技巧及实用范围等几个方面进行说明，语言简洁，表达清楚。

(6)图幅：2 号绘图纸。

(7)表现手法：不限。

(8)图纸要求：无缺漏，图面安排合理美观。

四、时间安排

时间安排共 2 周。

(1)第一阶段:0.5周,考察研究及现场、第一草图设计阶段(方案构思阶段)。

(2)第二阶段:1周,第二草图、工具草图设计阶段(多方案比较,选择、深入和调整阶段)。

(3)第三阶段:0.5周,正式图绘制阶段。

五、题目特点分析提示

(1)掌握亭的设计要点,充分考虑亭的选址和造型两大问题,注重亭的赏景与点景的双重性。

(2)结构布局应充分考虑与自然环境的有机结合,自由活泼,特别要注意亭小而集中特点的充分应用。

(3)设计应充分体现地方特色、民族特色和时代感,尺度适宜,功能合理,结构、材料安排可行。

第二节 廊的设计实训

一、教学要求

廊,是园林中应用非常广泛、形式变化非常丰富的一种重要的园林建筑。继承我国优秀的园林传统,对于更好地创造新园林实践具有很高的借鉴作用。通过分析研究优秀廊的创作思想、经验教训,启发和指导初学者的创作实践。通过本次实训,需要达到以下教学目的:

(1)培养独立工作能力,掌握小型园林建筑的设计步骤,提高设计水平。

(2)开阔眼界,通过学习调研古今优秀的廊的设计实例,深入领会园林建筑的设计方法和技巧,提高理论水平,并能够灵活应用,指导创作实践。

(3)准确绘制廊的周边环境图、平面图、立面图、效果图,巩固设计图纸的各种常见表现手法和技巧。

二、设计任务

拟在城市某公园内建造一个廊。建筑面积不小于25 m^2,周边环境、样式、布局、结构、材料等均不限。

三、图纸要求

(1)周边环境图:比例自定。

(2)平面图:比例自定。

(3)立面图:1~2张,比例同平面图。

(4)透视效果图。

（5）设计说明：从园林建筑的设计方法和技巧等几个方面进行说明，语言简洁，表达清楚。

（6）图幅：2 号绘图纸。

（7）表现手法：不限。

（8）图纸要求：无缺漏，图面安排合理美观。

四、时间安排

时间安排共 2 周。

（1）第一阶段：0.5 周，调研、第一草图设计阶段（方案构思阶段）。

（2）第二阶段：1 周，第二草图、工具草图设计阶段（多方案比较，选择、深入和调整阶段）。

（3）第三阶段：0.5 周，正式图绘制阶段。

五、题目特点分析提示

（1）掌握廊的设计要点，充分考虑廊的选址和造型两大问题，注重廊的观景与点景的双重性。

（2）平面布局应充分考虑与自然环境的有机结合，自由活泼。

（3）设计应充分体现地方特色和时代感，尺度适宜，功能合理，结构、材料安排可行。

第三节　花架的设计实训

一、教学要求

花架，是现代园林中应用日益广泛、形式变化非常丰富的一种园林建筑。通过分析研究优秀花架的创作思想、经验教训，启发和指导初学者的创作实践。通过本次实训，需要达到以下教学目的：

（1）培养独立工作能力，掌握小型园林建筑的设计步骤，提高设计水平。

（2）开阔眼界，通过学习调研现代园林优秀的花架设计实例，深入领会园林建筑的设计方法和技巧，提高理论水平，并能够灵活应用，指导创作实践。

（3）准确绘制花架的周边环境图、平面图、立面图、效果图，巩固设计图纸的各种常见表现手法和技巧。

二、设计任务

拟在城市某公园内建造一个花架，可采用廊和花架相结合的形式。建筑面积不小于 25 m^2，周边环境、样式、布局、结构、材料等均不限。

三、图纸要求

(1)周边环境图:比例自定。

(2)平面图:比例自定。

(3)立面图:1 ~2 张,比例同平面图。

(4)透视效果图。

(5)设计说明:从园林建筑的设计方法和技巧等几个方面进行说明,语言简洁,表达清楚。

(6)图幅:2 号绘图纸。

(7)表现手法:不限。

(8)图纸要求:无缺漏,图面安排合理美观。

四、时间安排

时间安排共 2 周。

(1)第一阶段:0.5 周,调研、第一草图设计阶段(方案构思阶段)。

(2)第二阶段:1 周,第二草图、工具草图设计阶段(多方案比较,选择、深入和调整阶段)。

(3)第三阶段:0.5 周,正式图绘制阶段。

五、题目特点分析提示

(1)掌握花架的设计要点,在借鉴亭和廊的设计基础上,要处理好与植物的关系。

(2)平面布局应充分考虑与自然环境的有机结合,自由活泼。

(3)设计应充分体现地方特色和时代感,尺度适宜,功能合理,结构、材料安排可行。

第四节　园林大门的设计实训

一、教学要求

园林大门,是一个新天地的入口,是空间转换的过渡地带,是联系园内外的枢纽,是园内景观和空间序列的起始,能够反映园林特色。园林大门是公园的第一处景观,给人的印象最为深刻,如果园林大门设计不好,将严重影响整个园林的景观效果。因此,园林大门的设计实践是园林建筑设计不可缺少的一环。通过本次实训,需要达到以下教学目的:

(1)培养独立工作能力,掌握园林大门的功能、布局、空间的特点,提高设计水平。

(2)开阔眼界,通过学习调研优秀的园林大门的设计实例,深入领会园林建筑的设计方法和技巧,提高理论水平,并能够灵活应用,指导创作实践。

(3)准确绘制总平面图、平面图、立面图、效果图,巩固设计图纸的各种常见表现手法和技巧。

(4)掌握园林建筑设计的一般方法、步骤。

二、设计任务

教师给学生一个虚拟或真实的设计环境，要求学生从建筑与环境的关系、建筑布局、建筑空间、建筑造型、建筑实用性一步步完成建筑的设计任务，在这个过程中，教师要不断与学生沟通，使其设计保持正确的设计方向。

三、图纸要求

(1)总平面图:比例自定。

(2)平面图:比例自定。

(3)立面图:1～2张，比例同平面图。

(4)透视效果图。

(5)设计说明:从园林建筑的设计方法和技巧等几个方面进行说明，语言简洁，表达清楚。

(6)图幅:2号绘图纸。

(7)表现手法:不限。

(8)图纸要求:无缺漏，图面安排合理美观。

四、时间安排

时间安排共2周。

(1)第一阶段:0.5周，调研、第一草图设计阶段(方案构思阶段)。

(2)第二阶段:1周，第二草图、工具草图设计阶段(多方案比较，选择、深入和调整阶段)。

(3)第三阶段:0.5周，正式图绘制阶段。

五、题目特点分析提示

(1)掌握园林大门的设计要点，把握住两点:一是园林大门的立面形象，要有标志性，并能体现园林的特色;二是园林大门内外广场空间设计，要能够满足人流集散的要求，同时考虑作为园林空间序列起点应具有的空间特点。

(2)设计应充分体现地方特色和时代感，尺度适宜，功能合理，结构、材料安排可行。

第五节　榭的设计实训

一、教学要求

榭，在园林建筑中除满足人们休息游赏的一般功能要求外，主要是起观景与点景的作用,从属于自然空间环境,对丰富园林景观和游览内容起着突出作用,凭借周围风景而构成,形式灵活多变。继承我国优秀的园林传统,对于更好地创造新园林实践具有很高的借鉴作用。通过分析研究优秀榭的创作思想、经验教训,启发和指导初学者的创作实践。通过本次实训,需要达到以下教学目的:

(1)培养独立工作能力,掌握小型园林建筑的设计步骤,提高设计水平。

(2)开阔眼界,通过学习调研古今优秀的榭的设计实例,深入领会园林建筑的设计方法和技巧,提高理论水平,并能够灵活应用,指导创作实践。

(3)准确绘制榭的周边环境图、平面图、立面图、效果图,巩固设计图纸的各种常见表现手法和技巧。

二、设计任务

拟在城市某临水处建造一个水榭,周边环境、样式、布局、结构、材料等均不限。

三、图纸要求

(1)周边环境图:比例自定。

(2)平面图:比例自定。

(3)立面图:1~2 张,比例同平面图。

(4)透视效果图。

(5)设计说明:从园林建筑的设计方法和技巧等几个方面进行说明,语言简洁,表达清楚。

(6)图幅:2 号绘图纸。

(7)表现手法:不限。

(8)图纸要求:无缺漏,图面安排合理美观。

四、时间安排

时间安排共 2 周。

(1)第一阶段:0.5 周,调研、第一草图设计阶段(方案构思阶段)。

(2)第二阶段:1 周,第二草图、工具草图设计阶段(多方案比较,选择、深入和调整阶段)。

(3)第三阶段:0.5 周,正式图绘制阶段。

五、题目特点分析提示

(1)掌握榭的设计要点,充分考虑榭的选址和造型两大问题,注重榭的观景与点景的双重性。

(2)建筑造型上以轻快、自然为基调,与周围自然环境要和谐配合。

(3)设计应充分体现地方特色和时代感,尺度适宜,功能合理,结构、材料安排可行。

(4)在榭的选址、平面和体形的设计上,要特别注重与水面和池岸的协调关系。

第六节　服务性建筑的设计实训

一、教学要求

服务性建筑，在园林中有举足轻重的作用，游人在园林中游目骋怀的同时，也需要园林为其提供各种服务，比如茶室、餐厅、厕所等。因此，服务性建筑的设计是园林教学中的重点，通过课上分析研究优秀服务建筑的创作思想、经验教训，启发和指导初学者的创作实践。通过本次实训，需要达到以下教学目的：

(1)培养独立工作能力，掌握服务性建筑的功能、布局、空间的特点，提高设计水平。

(2)开阔眼界，通过学习调研优秀的服务性建筑的设计实例，深入领会园林建筑的设计方法和技巧，提高理论水平，并能够灵活应用，指导创作实践。

(3)准确绘制周边环境图、平面图、立面图、效果图，巩固设计图纸的各种常见表现手法和技巧。

二、设计任务

本书涉及的服务性建筑包括展览建筑、餐饮建筑、厕所、小卖部、码头等形式，教师可以根据具体情况选择其中两种形式，给学生一个虚拟或真实的设计环境，要求学生从建筑与环境的关系、建筑布局、建筑空间、建筑造型、建筑实用性一步步完成建筑的设计任务，在这个过程中，教师要不断与学生沟通，使其设计保持正确的设计方向。

三、图纸要求

(1)周边环境图：比例自定。

(2)平面图：比例自定。

(3)立面图：1～2张，比例同平面图。

(4)透视效果图。

(5)设计说明：从园林建筑的设计方法和技巧等几个方面进行说明，语言简洁，表达清楚。

(6)图幅：2号绘图纸。

(7)表现手法：不限。

(8)图纸要求：无缺漏，图面安排合理美观。

四、时间安排

时间安排共2周。

(1)第一阶段：0.5周，调研、第一草图设计阶段(方案构思阶段)。

(2)第二阶段：1周，第二草图、工具草图设计阶段(多方案比较，选择、深入和调整阶段)。

(3)第三阶段:0.5 周,正式图绘制阶段。

五、题目特点分析提示

(1)掌握服务性建筑的设计要点,充分考虑其选址和造型两大问题,要特别注意服务性建筑的功能性,同时必须注意服务性建筑的景观性。

(2)服务性建筑的总体造型应充分考虑与自然环境的有机结合,自由活泼。

(3)设计应充分体现地方特色和时代感,尺度适宜,功能合理,结构、材料安排可行。

第七节　园林建筑设计小品的设计实训

一、教学要求

要求学生从简单的园林建筑小品的实测开始,认识园林建筑设计基本要求和考虑因素,并从小型体的组合中掌握空间设计的要求,通过完整的园林建筑小品的实测达到以下教学目的:

(1)通过实地测绘园林建筑小品平面、立面、剖面,培养学生对建筑小品的尺度感及识图和绘图能力。

(2)通过实测与内业绘图,培养学生对设计方案的分析能力。

(3)学习铅笔淡彩的表现方法。

二、设计任务

拟在某城市公园内,实测一些园林建筑小品。

三、图纸要求

(1)总平面:1∶50。

(2)平面图:1∶20。

(3)立面图:1∶20。

(4)剖面图:1∶20。

(5)透视效果图。

(6)图幅:2 号绘图纸。

(7)表现手法:铅笔淡彩。

(8)图纸要求:无缺漏,图面比例准确,表达清楚,具有较好的表现力。

四、时间安排

时间安排共 1 周。

(1)第一天:现场实地测绘,并绘制一草图。

(2)第二、三天:二草图绘制。

(3)第四、五天:绘制正式图阶段。

五、题目特点分析提示

(1)根据实测绿地的性质、地形特征和绿地整体风格等因素,进行综合分析小品与周围环境协调情况。

(2)综合分析小品的立意与使用功能。

(3)小品的尺度与人的活动关系,比例是否适宜得当、造型是否优美等。

参 考 文 献

[1] 杜汝俭,李恩山,刘管. 园林建筑设计[M]. 北京:中国建筑工业出版社,2001.
[2] 杜汝俭. 园林建筑设计[M]. 北京:中国建筑工业出版社,1986.
[3] 冯钟平. 中国园林建筑[M]. 2 版. 北京:清华大学出版社,2000.
[4] 梁美琴. 园林建筑[M]. 北京:中国林业出版社,2003.
[5] 卢仁,金承藻. 园林建筑设计[M]. 北京:中国林业出版社,2005.
[6] 彭一刚. 中国古典园林分析[M]. 北京:中国建筑工业出版社,1999.
[7] 邢同和. 邓小平故居陈列馆[J]. 建筑学报,2004(7):54 - 57.
[8] 栗德祥. 全国著名高校建筑系学生优秀作品选[M]. 北京:中国建筑工业出版社,1999.
[9] 成玉宁. 园林建筑设计[M]. 北京:中国农业出版社,2009.
[10] 黎志涛. 快速建筑设计 100 例[M]. 南京:江苏科学技术出版社,2003.
[11] 周初梅. 园林建筑设计与施工[M]. 北京:中国农业出版社,2002.
[12] 钟喜林,谢芳. 园林建筑[M]. 北京:中国电力出版社,2009.
[13] 余树勋. 园林美与园林艺术[M]. 北京:中国建筑工业出版社,2006.
[14] 张采烈. 中国园林艺术通论[M]. 上海:上海科学技术出版社,2004.
[15] 周维权. 中国古典园林史[M]. 北京:清华大学出版社,1999.
[16] 田永复. 中国园林建筑施工技术[M]. 北京:中国建筑工业出版社,2002.
[17] 田学哲. 建筑设计初步[M]. 2 版. 北京:中国建筑工业出版社,1999.
[18] 吴卓珈. 园林建筑设计[M]. 北京:机械工业出版社,2008.
[19] 胡德君. 学造园[M]. 天津:天津大学出版社,2002.